2.83
&
2.9対応

作りながら
楽しく覚える
Blender

大河原浩一［著］
Hirokazu Okawara

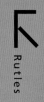

Rutles

本書の内容は、執筆時点での情報をもとに書かれています。個々のソフトウェアのアップデート状況や、
使用者の環境によって、本書の記載と異なる場合があります。
本書に記載されているURL、サイトの内容等は、本書執筆後に変更される可能性があります。

はじめに

　本書は 2017 年に出版された『はじめよう!作りながら楽しく覚える Blender』の改訂版です。この 3 年間で Blender は執筆当時のバージョン 2.7 から 2.8、2.9 と進化し、インターフェイスや機能が飛躍的に向上したため、今回、大幅に内容を刷新しました。特にレンダーエンジンに、リアルタイムで高品質な画像をレンダリングすることができる「Eevee」が搭載され、マテリアルの設定方法なども大きく変更されています。

　昨今では、YouTube のタレントとして、3DCG で作成されたキャラクターを使用するヴァーチャル YouTuber や、VR SNS で使用する 3DCG のアバター制作など、3DCG を使って創作活動をしたいという人が多くなってきているように思われます。これから 3DCG を始めたいという人にとっては、コストをあまりかけずに始められる Blender は最適ではないでしょうか。

　また、多くのゲーム会社やアニメ制作会社が開発支援に名乗り出ることで、Blender 自体の評価も高まり、これまでのコストが高い 3DCG ツールからオープンソースである Blender を開発ツールとして採用する動きも高まってきています。これからさらに利用が広がっていくでしょう。

　Blender は、多くのユーザーがインターネット上にチュートリアルなどの情報を公開していますが、それでも難しそうだと二の足を踏んでいる初心者の方もいるのではないでしょうか。本書は、初めて Blender を触る人でもなるべくわかりやすいように簡単な作例をもとに、基本的な操作手順を紹介しています。本書の内容に沿ったサンプルファイルも用意しましたので、利用していただけると幸いです。

　3DCG を作りたい方のスタートラインとして本書がお役に立てることを願っています。

2020 年　著者　大河原浩一

Introduction

まずはツールの
基本を知ろう

Blenderを起動して
3DCGを作成する
準備をしましょう。

01
Blenderの作業画面を設定する

Blenderで3DCGを作成する前に、作業しやすいように［プリファレン
ス］（Preferences）で使用する言語、ショートカット、アドオンなどの使
用環境を設定しておきましょう。

▶▶▶スプラッシュ画面について

　Blender 2.83 では、インストール後の初回起動時に、図のような Quick Setup のスプ
ラッシュ画面が表示されます。

　この画面では、インターフェイスの言語や、ショートカット、選択操作のマウスボタン設
定、スペースバーのキーマップ、インターフェイスのテーマなどを簡単に設定できます。

これらの設定は、起動後でも環境設定（→ P.11「Blender の環境設定」）で変更できます。ここでは使用言語だけ日本語に切り替えておきます。言語を切り替えるには、[Language] の [English(English)] と書かれているところをクリックします。使用できる言語のリストが表示されるので、[Japanese（日本語）] を選択します。

日本語を選択

　　インターフェイスの表記が日本語に切り替わりました。

　　画面をクリックするとスプラッシュ画面が消え、日本語のインターフェイスで Blender を使用することができます。

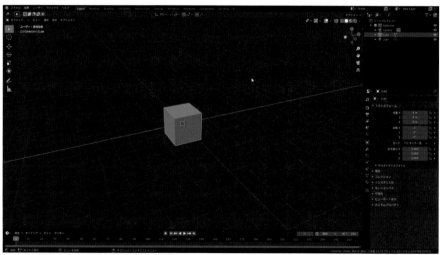

インターフェイス上の主な項目が日本語化される

　なお、次回の起動以降はスプラッシュ画面にQuick Setupは表示されず、［新規ファイル］［最近使ったファイル］［開く］［最後のセッションを復元］などが表示されます。

次回以降のスプラッシュ画面

▶ バージョン2.90のスプラッシュ画面

　バージョン2.90も初回起動時に表示されるスプラッシュ画面で、使用する言語やインターフェイスのテーマなどを設定することができます。バージョン2.83の設定を2.90でも引き継ぎたい場合は、スプラッシュ画面の左下にある［Load 2.83 Settings］をクリックします。これで2.83を使っていたときの設定をそのまま使用することができます。

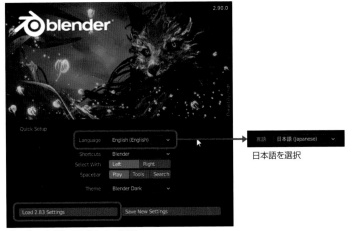

日本語を選択

バージョン2.90のスプラッシュ画面

なお、バージョン 2.90 でも、次回の起動以降はスプラッシュ画面に Quick Setup は表示されず、[新規ファイル][最近使ったファイル][Open（開く）][最後のセッションを復元] などが表示されます。

H I N T Blender の入手方法とバージョン

Blender は、Blender 財団がソフトの開発、管理、運営を行っているオープンソースのツールです。Blender のパッケージは www.blender.org からダウンロードできます。本書執筆時点では、最新版の 2.90 と「ロングタイムサポート版」と呼ばれる 2.83LTS が安定版としてリリースされています。本書では、2.83LTS をベースに解説していますが、2.90 で操作などが異なる部分に関しては、その内容を併記しています。

▶▶▶Blender の環境設定

はじめに Blender の基本的な初期設定を済ませておきましょう。設定内容はユーザーの好みや使用環境によってさまざまですが、ここでは一般的な基本設定について取り上げます。

▶日本語環境の設定

前述のように Blender の日本語化は初回起動時のスプラッシュ画面で行えますが、あとからでも設定できます。英語表記のままスプラッシュ画面を閉じた場合は、環境設定（Preferences）で次のように操作します。

[Edit]（編集）メニューから
[Preferences]（プリファレンス）を選択

[Preferences]（プリファレンス）ウィンドウが表示されます。

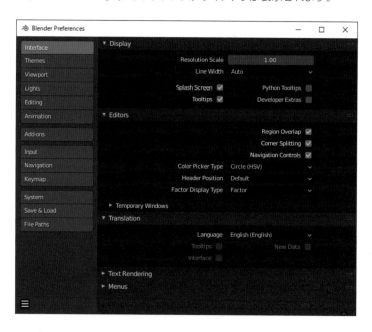

左側のカテゴリーリストから
[Interface]（インターフェイス）を選択

STEP 03 [Translation]（翻訳）→[Language]（言語）の [English（English）]をクリック

STEP 04 表示される言語リストの中から [Japanese（日本語）]を選択

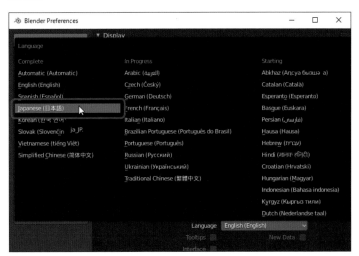

STEP 05 [翻訳]欄で日本語表記にする要素を選択

　インターフェイスのどの要素を翻訳するのかを選択します。[ツールチップ]は、ツールにカーソルを合わせたときに表示されるツールの説明文です。[インターフェイス]は、Blenderのウィンドウに表示されているメニューやパラメータ名などを翻訳します。

　[新規データ]は、新しく作成した形状データの名前が選択した言語で付けられます。この[新規データ]は日本語にしておくと、新しく作成されたオブジェクトの名前が日本語になります（たとえば[Cube]が[立方体]となる）。しかし、オブジェクト名が日本語だと使用するツールによっては不具合が起きる場合があるので、なるべく[新規データ]にはチェックを入れないようにします。

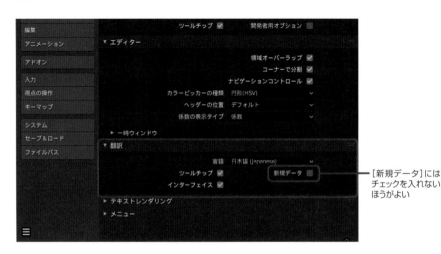

[新規データ]には
チェックを入れない
ほうがよい

STEP 06 ウィンドウ左下の目メニューの[プリファレンスを保存]で設定を保存

　なお、[プリファレンスを自動保存]にチェックを入れておくと、プリファレンスでの変更を自動的に保存しておくことができます。

▶▶▶キーマップを変更する

[プリファレンス] ウィンドウでは、Blender を効率よく使うためのショートカットキーを設定できます。ショートカットキーを変更するには、[プリファレンス] ウィンドウの [キーマップ] をクリックします。

STEP 01 左側のカテゴリーリストから [キーマップ]を選択

[キーマップ] に表示を切り替えると、操作に対応したキーマップに関する項目が表示されます。[ウィンドウ] という項目では、ウィンドウ操作に関するショートカットキーを設定できます。[ウィンドウ] を展開して中の項目を表示してみると、たとえば [新規ファイル] には Ctrl+N キーという組み合わせが登録されています。Ctrl+N キーを押すとコマンドが実行され、新しいファイルが作成されるわけです。

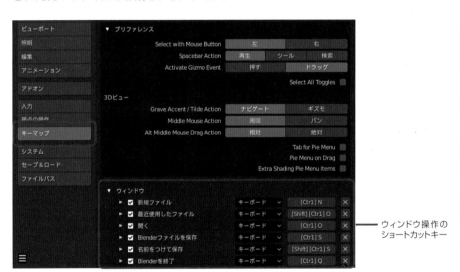

ウィンドウ操作の
ショートカットキー

STEP 02 変更したい項目の キー表示をクリック

クリック

キーボードで
新しいショートカットキーを押す

表示が [Press a key] に変化するので、キーボードで新しいショートカットとするキーを
押します。

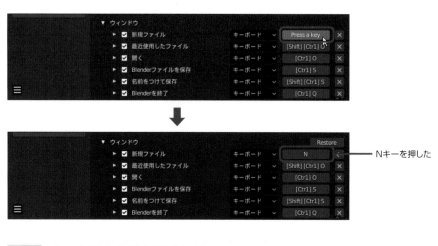

キーの設定を元に戻すには
[Restore] (復帰) をクリック

元のショートカットキーに戻したい場合は、キー表示の上にある [Restore] (復帰) をク
リックします。

[キーマップ]にはBlenderに設定されているショートカットキーがほとんど登録されています。もし作業中にショートカットキーを忘れてしまった場合は、[キーマップ] の右上にある検索欄に知りたい機能のキーワードを入力すると、キーワードを含む名前の項目だけがリストアップされるので、目的のショートカットキーを見つけることができます。

登録されているショートカットを検索

機能のキーワードを入力

02
ワークスペースを理解しよう

Blenderのワークスペースはさまざまな「エディター」と呼ばれる領域が組み合わさって構成されています。まずは、起動した直後に表示されるワークスペースを見ておきましょう。

▶▶▶Blender 起動後の初期画面

Ⓐ メインメニュー　　Ⓑ ワークスペースの切り替え　　Ⓒ [3Dビューポート]エディター　　Ⓓ [アウトライナー]エディター

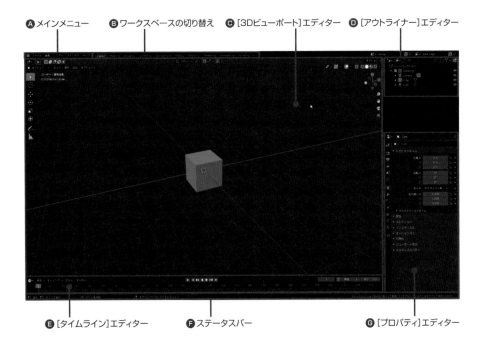

Ⓔ [タイムライン]エディター　　Ⓕ ステータスバー　　Ⓖ [プロパティ]エディター

Ⓐ メインメニュー

ファイルの操作など、Blender の基本となる操作用のコマンドが用意されています。

ⓑ ワークスペースの切り替え

ウィンドウ　ヘルプ　Layout　Modeling　Sculpting　UV Editing　Texture Paint　Shading　Animation　Rendering　Compositing　Scripting　+

　作業ごとに操作しやすいように、ワークスペースを構成するエディターのレイアウトを
切り替えるためのタブが用意されています。

ⓒ [3Dビューポート]エディター

　オブジェクトを作成して編集したり、オブジェクトを配置してシーンを作成したりする領
域です（本書ではこれ以降、略して「ビューポート」と表記します）。

ⓓ [アウトライナー]エディター

　現在作成しているシーンに含まれるオブジェクトの一覧が表示されます。オブジェクト
の階層構造（→ P.358「HINT ボーンの構造について」）を操作したり、オブジェクトの表
示・非表示を切り替えることができます（本書ではこれ以降、略して「アウトライナー」と
表記します）。

ⓔ [タイムライン]エディター

　アニメーションを作成・再生するための機能があります。

ⓕ ステータスバー

　選択されているツールのキーマップや情報が表示されます。また、選択しているオブ
ジェクトの頂点などや使用しているメモリ量なども確認することができます。

ⓖ [プロパティ]エディター

　シーンや選択したオブジェクトのプロパティ（設定）が表示されます。

03
ビューポートを操作する

まずは、ビューポートに表示されている3次元空間の視点を切り替える方法を覚えましょう。マウスの中ボタンとキーを組み合わせて、カメラを操作するように視点を移動、回転、ズームします。

▶▶▶視点を上下左右に移動する

STEP 01 **Shiftキーとマウスの中ボタンを押しながら**
移動させたい方向へドラッグ

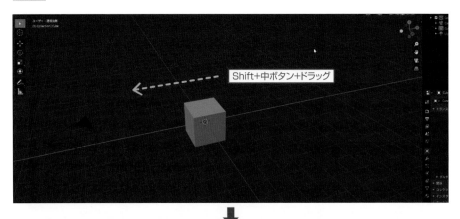

Shift+中ボタン+ドラッグ

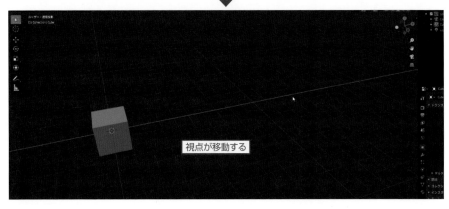

視点が移動する

ビューポート右側の [パン] アイコン🖐をドラッグすることでも視点を移動できます。

▶▶▶視点をズームする

視点をズームして、オブジェクトに近づいたり、オブジェクトから遠ざかったりするには、次のように操作します。

STEP
01
マウスのホイールを回転する
またはCtrlキーとマウスの中ボタンを押しながらドラッグ

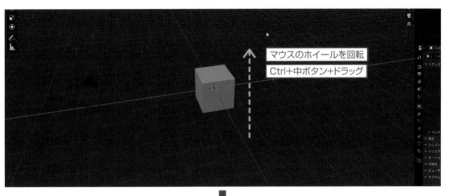

マウスのホイールを回転
Ctrl+中ボタン+ドラッグ

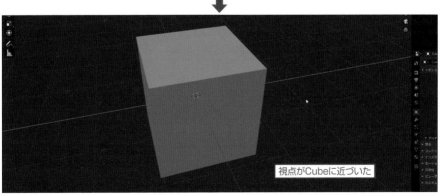

視点がCubeに近づいた

ビューポート右側にある[ズーム]アイコン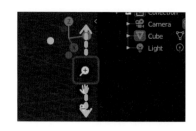を
ドラッグすることでもズームできます。

H I N T カーソル位置を中心にズームするには

[編集]メニューから[プリファレンス](バージョン2.90では[Preferences])を選択し、[視点
の操作] → [ズーム] → [マウス位置でズーム]にチェックを入れると、マウスカーソルがある位置
を中心にズームすることができます。

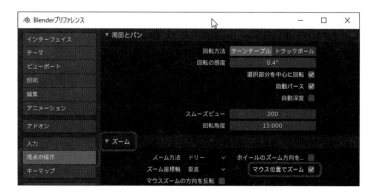

▶▶▶視点を回転する

STEP
01
マウスの中ボタンを押しながら
ドラッグ

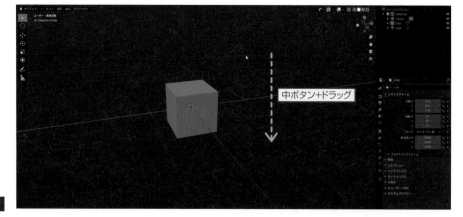

中ボタン+ドラッグ

視点が回転した

HINT 選択したオブジェクトを視点の中心にして回転するには

[編集] メニューから [プリファレンス] (バージョン2.90では [Preferences]) を選択し、[視点の操作] → [周回とパン] → [選択部分を中心に回転] にチェックを入れると、選択したオブジェクトを中心にして、ビューを回転できます。広範囲にオブジェクトが配置されているような場合に便利です。

▶▶▶視点のパース（遠近感）を切り替える

ビューポートの表示は、デフォルトの状態ではパースが付いた状態（遠くのものが小さく見える）になっています。この状態は「透視投影」といいます。

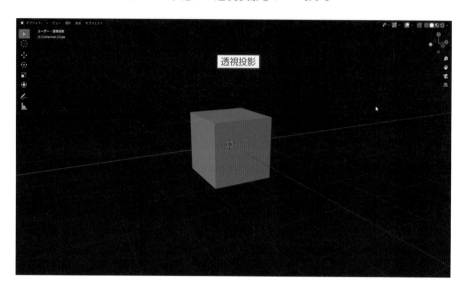

▶ [平行投影]に切り替える

ビューポートは遠近感のない「平行投影」に切り替えることもできます。

STEP 01 ビューポート右側の[ビューの透視／平行投影の切り替え]アイコンをクリックするか、テンキーの5を押す

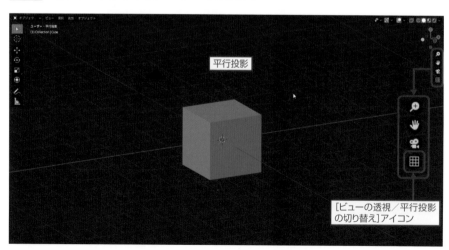

[ビューの透視／平行投影の切り替え]アイコン

▶▶▶視点の方向を変える（オービットギズモを使う）

　ビューポートは、デフォルトの状態では斜め上から見ているような状態になっていますが、フロントから見た状態やトップから見た状態に切り替えることができます。オブジェクトを配置・編集するときに位置の調整が難しい場合は、視点の方向を変えてみましょう。

STEP 01　オービットギズモで
ビューポートを切り替えたい方向の座標をクリックする

　オービットギズモには［X（赤）］［Y（緑）］［Z（青）］と表記された座標軸があります。たとえば、トップから見た状態にするには［Z］をクリックします。

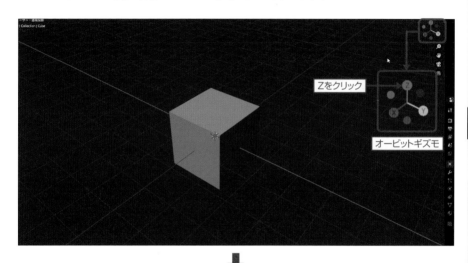

Zをクリック

オービットギズモ

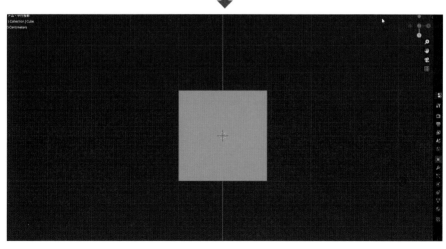

STEP 02 逆の方向から見た状態に切り替えるには
軸に対向した◯をクリック

たとえば、ボトムから見た状態に切り替えるには [Z] に対向した青い丸をクリックします。

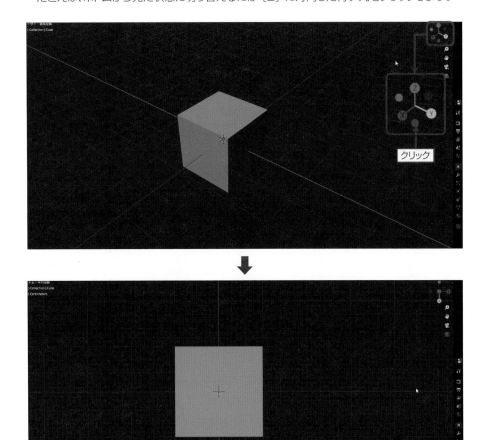

クリック

STEP 03 斜めから見た状態に戻すには
オービットギズモをドラッグする

　オービットギズモをドラッグすると、ビューを回転させて斜めから見た状態にできます。
もちろん、ビューポート上で中ボタンを押してドラッグしても同じことができます。

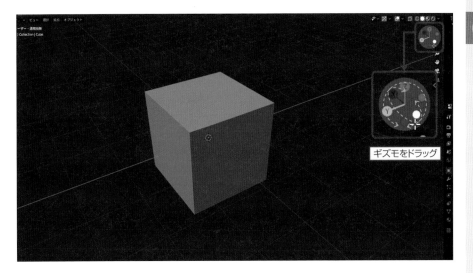

ギズモをドラッグ

▶▶▶視点の方向を変える（テンキーを使う）

STEP 01　視点切り替えの ショートカットキーを覚える

　ビューポートの視点の方向は、キーボードのテンキーを使って切り替えることもできます。モデリングしているときなど、すばやくビューを切り替えたい場合にテンキーを使うと便利です。キーとビューの方向の組み合わせは以下の通りです。

テンキー「1」:フロントビュー

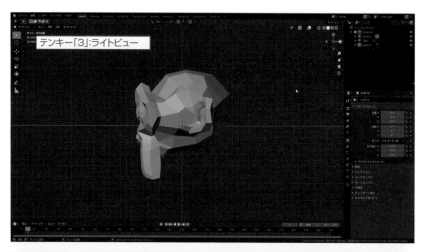

テンキー「3」:ライトビュー

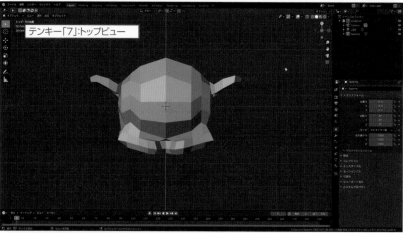

テンキー「7」:トップビュー

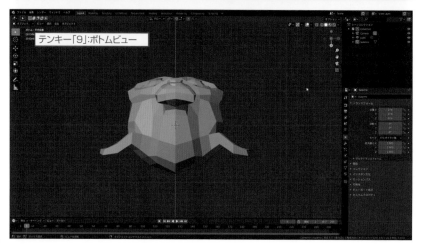

テンキー「9」:ボトムビュー

04
オブジェクトを操作する

Blenderを起動すると、1個の立方体（Cube）がシーンに追加された
状態になっています。この立方体を使ってオブジェクトの操作を練習し
ましょう。

▶▶▶オブジェクトを移動する

オブジェクトを操作するには、操作したいオブジェクトを選択しておく必要があります。

STEP 01 [ボックス選択]ツールでオブジェクトをクリックして選択

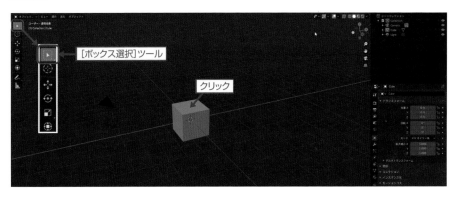

STEP 02 ツールバーから[移動]ツールを選択

[移動]ツールを選択すると、選択されているオブジェクトに[移動]
ツールのギズモが表示されます。

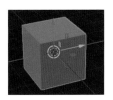

ギズモ

[移動]ツール

STEP 03 移動したい方向の軸をドラッグ

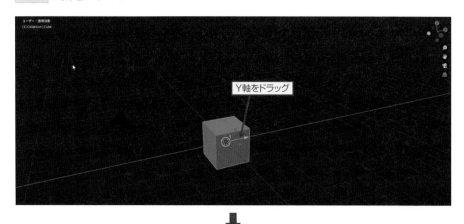

Y軸をドラッグ

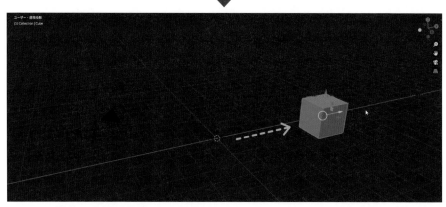

STEP 04 ビューポートの視点で上下左右に移動するには ギズモ中央の白い円をドラッグ

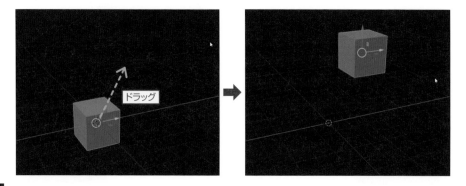

ドラッグ

STEP 05 特定の平面上を移動するには ギズモのハンドルをドラッグ

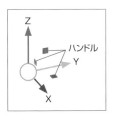

ギズモに表示されている四角いハンドルは、特定の平面上を移動させるときに使用します。青のハンドルであればZ軸を固定してXY平面上、緑であればY軸を固定してXZ平面上、赤であればX軸を固定してYZ平面上を移動させることができます。

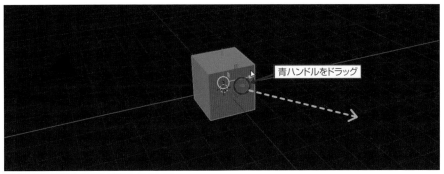

青ハンドルをドラッグ

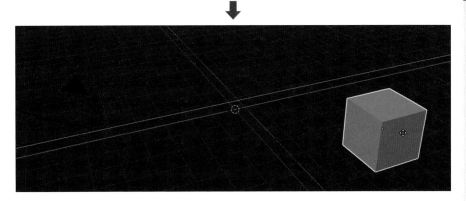

▶▶▶選択したオブジェクトを回転させる

STEP 01 回転させたいオブジェクトを選択して、 ツールバーの[回転]ツールをクリック

選択したオブジェクトに[回転]ツールのギズモが表示されます。

[回転]ツール

STEP 02 ギズモの円形の軸を ドラッグして回転

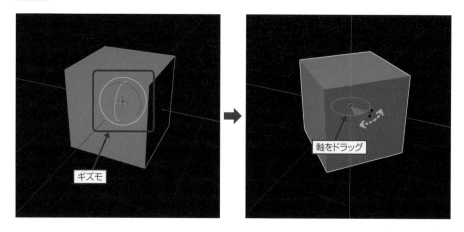

ギズモ

軸をドラッグ

STEP 03 見ている方向を軸にして回転するには ギズモの白い円をドラッグ

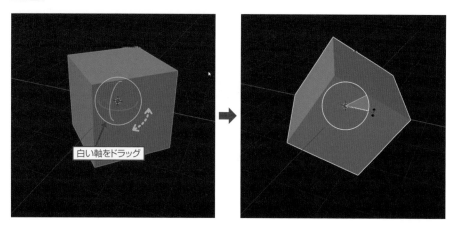

白い軸をドラッグ

▶▶▶回転の原点を移動する

　デフォルトでは、回転の中心はオブジェクトの中心になっています。Blenderでは、この回転の中心となる点を「原点」(オブジェクトに表示されているオレンジ色のポイント)といいます。原点を動せば、回転の中心をオブジェクトの中心からずらすことができます。

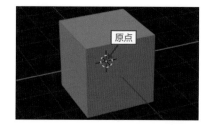

原点

STEP 01 オブジェクトを選択して右クリックし、[原点を設定]サブメニューから原点の位置を選択

HINT バージョン2.90のメニューの表記

バージョン2.90は、インターフェイスの言語を日本語に設定しても、メニューの表記が英語のままの部分があります。アップデートで日本語化が進んでいくと思いますが、2.90を使用する場合は、本書の2.83での画像を参考に操作していきましょう。また、プロパティの位置も少し変更されていることもあるので、そのようなときにも2.83での画像を参考にしてください。

バージョン2.90では、英語の表記が多く残っている

▶[原点を3Dカーソルに移動]の使用例

　ここでは、[原点を3Dカーソルへ移動]を使った例を紹介します。コマンドを実行する前に、まず、3Dカーソル（オブジェクトの作成場所など、位置を設定するためのカーソル）を原点にしたい位置に設定します。

テンキーの [1] キーを押して
フロントビューに切り替える

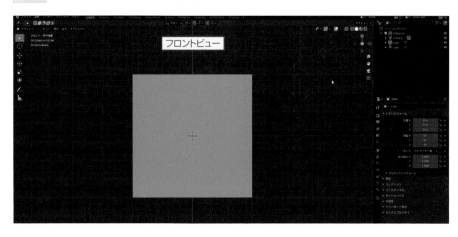

ツールバーで [カーソル] ツールを選択し、
回転の原点とする場所をクリック

ここではCubeの右下の角を中心に回転させたいので、Cubeの右下の角でクリックして3Dカーソルを移動します。

オブジェクトを選択して右クリックし、[原点を設定] サブメニューから
[原点を3Dカーソルへ移動] を選択

原点（オレンジ色のポイント）が3Dカーソルの位置に移動します。

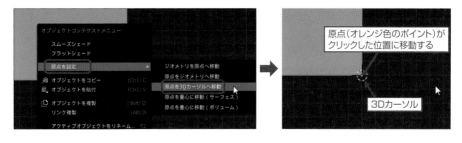

この状態で［回転］ツールを選択すると、ギズモが原点の位置に表示されるので、原点を中心にオブジェクトを回転させることができます。

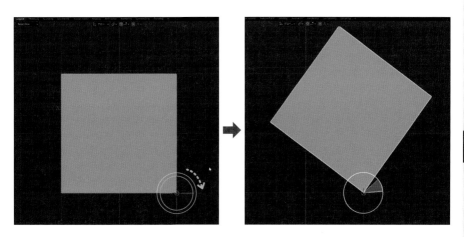

▶▶▶オブジェクトを削除する

STEP
01
削除したいオブジェクトをクリックして選択し、Deleteキーを押す

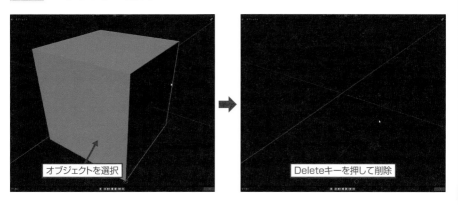

STEP
02

または、オブジェクトを選択して
右クリックのメニューから［削除］を選択

▶▶▶オブジェクトを一時的に非表示にする

Blender ウィンドウ右側のアウトライナーを使えば、オブジェクトを削除することなく、一時的に非表示にすることができます。

STEP
01

アウトライナーで、非表示にしたいオブジェクトの右側に
表示されている［ビューポートで隠す］アイコン◎をクリック

表示したいときは、もう一度アイコン▽をクリックします。

P O I N T 座標系の違いについて

オブジェクトの移動／回転／スケール変更といったトランスフォーム操作では、XYZの軸の向き
を定義する「座標系」を操作に応じて切り替えると、効率的に作業できます。座標系の切り替えは、
ビューポートの上部にある [トランスフォーム座標系] で行えます。

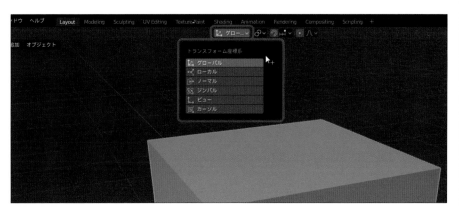

▶ [グローバル]

空間が持つXYZの座標系を使ってトランスフォームします。ビューの角度やオブジェクトの角度
に関係なく、トランスフォームのXYZの軸の方向がビューポート右上に表示されるオービットギ
ズモに一致します。シーンにオブジェクトを配置する際に使用すると便利な座標系です。

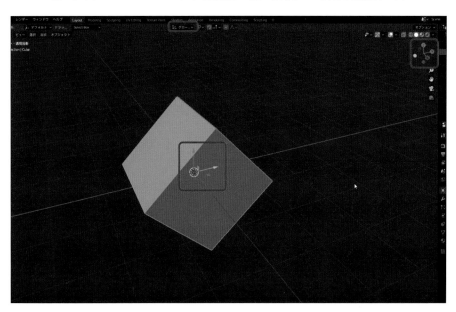

▶ [ローカル]

オブジェクトが持つ固有の座標系を使ってトランスフォームします。ローカル座標はオブジェクト作成時に設定された座標なので、オブジェクトを回転させると座標軸も回転します。オブジェクトを回転させたり、スケールを変更したい場合に便利な座標系です。

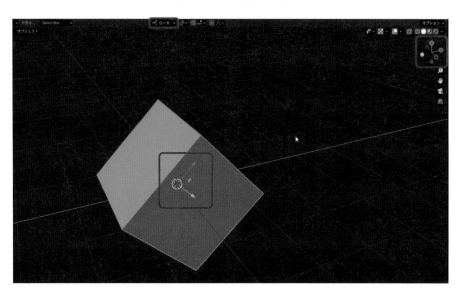

▶ [ノーマル]

Z軸がオブジェクトを構成する面の法線（面から垂直方向へ伸びる、面のシェーディングの状態を定義するための線）方向と一致する座標系を使ってトランスフォームします。押し出しなど［編集モード］で使用すると便利な座標系です。

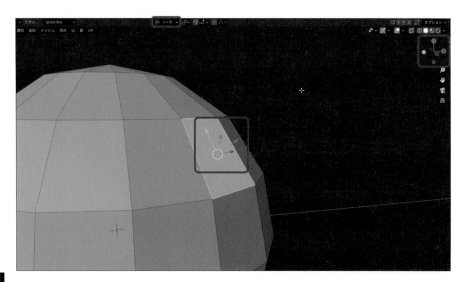

▶［ジンバル］

ジンバル座標系はビューポート右端に表示される［トランスフォーム］のプロパティにある回転モードの設定で切り替えることができる座標系です。XYZの軸の組み合わせで構成された［XYZオイラー角］、XYZに加えてW軸が設定された［クォータニオン（WXYZ）］、選択した要素に軸を加えて、Wの値で加えた軸角度を設定することができる［軸の角度］の３つのモードがあります。

［トランスフォーム］のプロパティの表示

［XYZオイラー角］

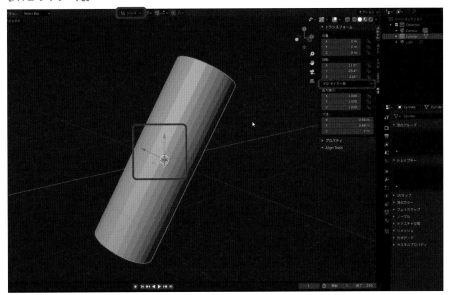

クリック

パレットの左端を右にドラッグすると閉じることができる

［クォータニオン (WXYZ)］

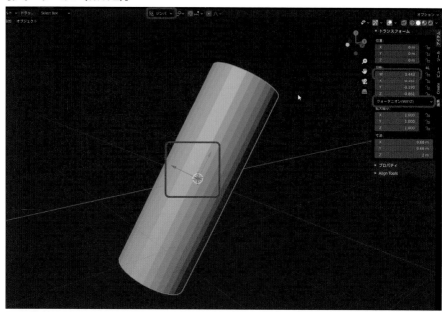

［軸の角度］

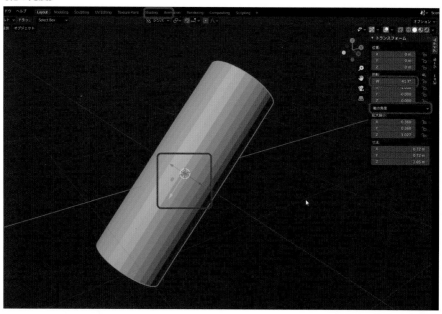

▶ [ビュー]

ビューは、ビューを見ている方向（視点の方向）で座標軸を固定します。ビューを回転させても、トランスフォームの座標軸の方向は変わりません。

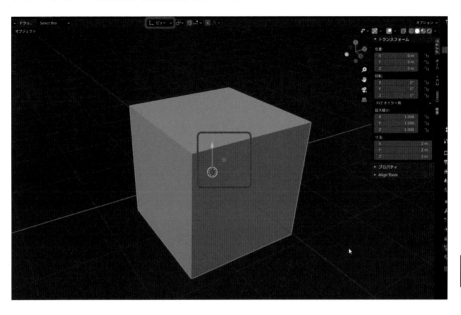

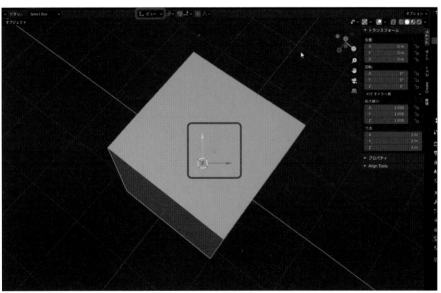

［カーソル］

3D カーソルの方向に合わせて座標軸を設定します。

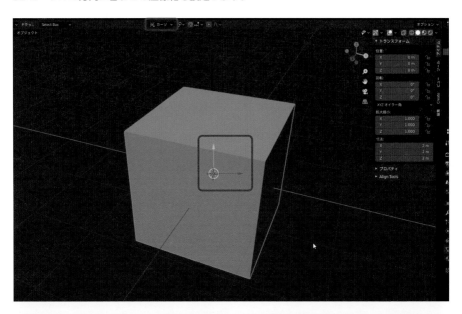

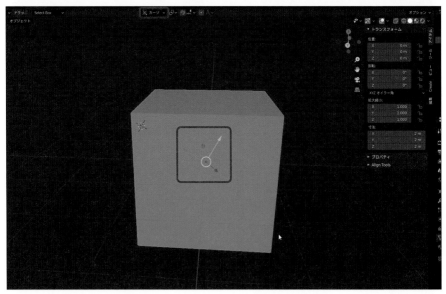

01

基本形状で
キャラクターを作ろう

まずは、球や円柱といった
簡単な形状を組み合わせて
キャラクターを作成し、
Blenderの操作に慣れていきましょう。

01
オブジェクトの作成

簡単なオブジェクトを組み合わせてキャラクターを作成しながら、オブジェクトの操作などを覚えましょう。まずは、オブジェクトの作成方法について紹介します。

STEP 01 オブジェクトを作成する

　まずは、オブジェクトを作成してみます。ツールバーの［カーソル］ツールを選択し、オブジェクトを作成したい場所をクリックして3Dカーソルを配置します。

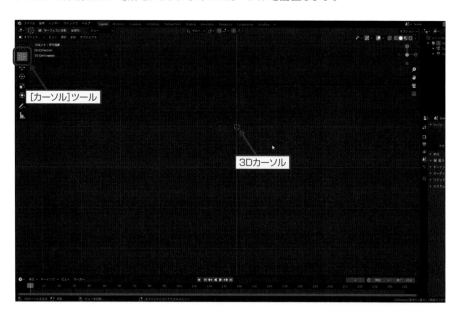

3Dカーソルを最初の位置（シーンの中心）に戻したい場合は、ビューポートの ［ビュー］ メニューをクリックして、［視点を揃える］ → ［3Dカーソルのリセットと全表示］ を選択します。

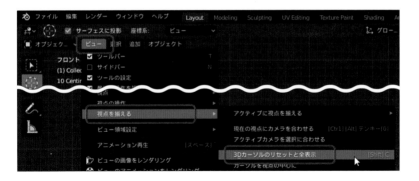

3Dカーソルの位置が決まったら、ビューポートの ［追加］ メニューをクリックして ［メッシュ］ から作成したいオブジェクトを選択します。ここでは ［UV球］（バージョン2.90では ［UV Sphere］）を選択します。

※バージョン2.90の［メッシュ］サブメニューには英語表記が一部残っている（→P.33「HINT バージョン2.90のメニューの表記」）

UV球オブジェクトが作成され、ビューポートの左下に、［UV球を追加］ というオペレーターパネルが表示されます。これをクリックして展開すると、オブジェクトの分割数を設定する ［セグメント数］ や ［リング］、球の大きさを設定する ［半径］ などを設定できます。設定したら、ビューポート内をクリックすると決定されます。

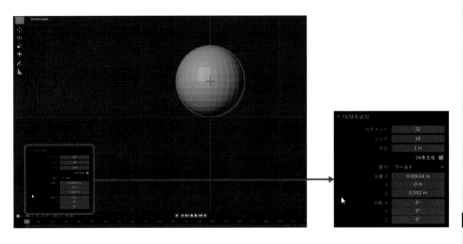

3Dカーソルのある位置に球のオブジェクトが作成されました。

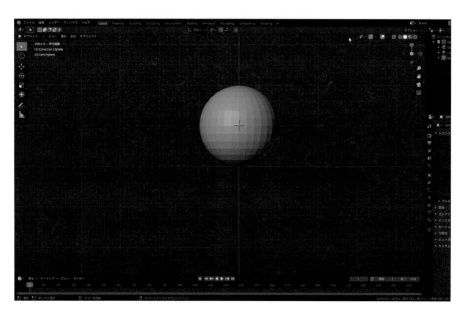

シーンを
保存する

　オブジェクトが1つ作成できたところで、保存しておきましょう。保存するには、[ファイル]
メニューから [保存] を選択します。

　[Blender ファイルビュー]ウィンドウが表示されるので、シーンのデータを保存する場所
を指定して、ファイル名を入力します。ファイル名を入力したら [Blender ファイルを保存]
をクリックします。

[Blenderファイルビュー] の操作は次の通りです。

Ⓐ ［ボリューム］：使用しているパソコンのハードディスクなどのドライブ名がリストされます。シーンファイルを保存したいボリュームをクリックします。

Ⓑ ［システム］：ホームやデスクトップなどシステムに設定されている各種フォルダに移動することができます。

Ⓒ ［お気に入り］：［ブックマークを追加］をクリックすると、現在開かれているフォルダをブックマークとして保存し、アクセスしやすくできます。

Ⓓ ［最近利用したフォルダ］：過去にアクセスしたフォルダのリストが表示されます。

Ⓔ ［前のフォルダへ移動］：開いたフォルダの履歴を遡って戻ります。

Ⓕ ［次のフォルダへ移動］：戻ったフォルダの履歴を逆にたどります。

Ⓖ ［親フォルダへ移動］：1つ上の階層のフォルダへ移動します。

Ⓗ ［ファイルリストをリフレッシュ］：ファイルリストを更新します。

Ⓘ ［新規フォルダを作成］：表示されているフォルダ内に新しいフォルダを作成します。

Ⓙ ［ファイルパス］：現在開かれているフォルダのファイルパス（ディレクトリ）を表示します。

Ⓚ ［検索］：ファイル名を入力してファイルを検索します。

Ⓛ ［表示モード切替］：ファイルリストの表示を切り替えます。

Ⓜ ［フィルター］：ファイルリストに表示するファイルの種類を設定します。

Ⓝ ［領域の表示切り替え］：領域の表示を切り替えます。

Ⓞ ［ファイル名］：ファイル名を入力します。

Ⓟ ［Blenderファイルを保存］保存を実行します。

Ⓠ ［キャンセル］保存を実行せずキャンセルしてウィンドウを閉じます。

オブジェクトの表示を
なめらかにする

　シーンに追加されたオブジェクトは、図のように分割線（辺）が表示されている状態になっています。この表示状態のことを「フラットシェード」といいます。オブジェクトの表面に分割線が表示されないなめらかな状態で表示するには、オブジェクトを選択して右クリックし、表示されるコンテキストメニューから［スムーズシェード］を選択します。

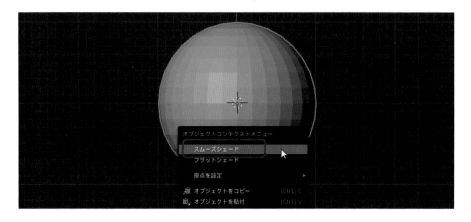

　表示がスムーズシェードに切り替わって、オブジェクトの表面がなめらかに表示されます。

02
いろいろな形状を作成しよう

Blenderにはいろいろな形状のオブジェクトが用意されています。設定次第でいろいろな形に変化する形状もあるので紹介します。

STEP 01 オブジェクトの構造を設定する

UV球や円柱は、セグメントの設定などで、形状を正多面体や多角柱に変形できます。

UV球を作成するには、ビューポートの[追加]をクリックして、[メッシュ]→[UV球]（バージョン2.90では [UV Sphere]）を選択します。

ビューポートの左下にUV球のオペレーターパネルが表示されます。このオペレーターパネルは、オブジェクトを作成した直後に表示されます。追加後にオブジェクトの選択を解除してしまうと、パネルが消えてしまうので注意します。パネルが消えてしまった場合は、[編集]メニューから [最後の操作を調整]（バージョン2.90では [Adjust Last Operation]）を選択すると再表示できます。

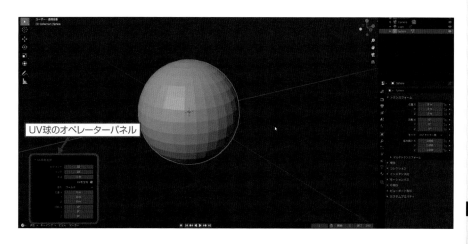

UV球のオペレーターパネル

デフォルトの状態では、球の半径は1mで作成されます。追加時の半径を変えたい場合は、[半径]に作成したい球のサイズを入力します。

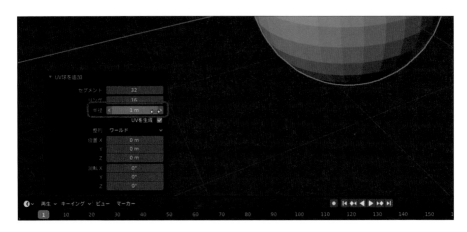

　[セグメント]と[リング]の値を変化させると、大きく形が変わります。[セグメント]は水平方向の分割数、[リング]は垂直方向の分割数を設定します。図Ａは[セグメント]を8、[リング]を8、図Ｂは[セグメント]を4、[リング]を4に設定した結果です。デフォルトのUV球から形状が大きく変化します。

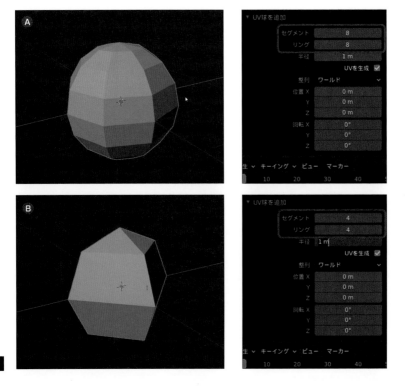

円柱も、断面が丸い円柱ではなく8角柱のような角張った柱を作りたければ、円柱を追加したときに表示される設定の［頂点］を8に設定します。

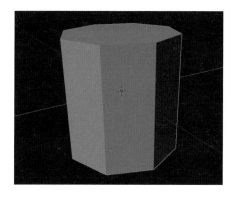

STEP 02 いろいろなメッシュオブジェクトを作成する

Blenderにはさまざまなメッシュオブジェクトが用意されています。デフォルトで用意されているメッシュオブジェクトを並べてみました。

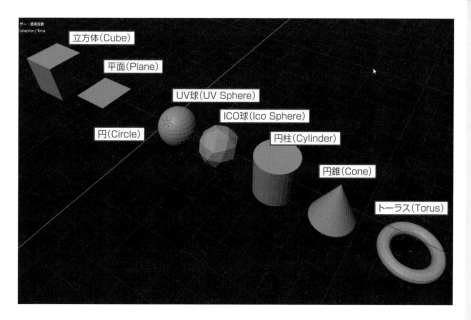

03
キャラクターを作成しよう

デフォルトのオブジェクトを組み合わせて、簡単なキャラクターを作成してみましょう。複数のオブジェクトの位置やサイズを調整し、それらを組み合わせることによってクマのキャラクターの頭を作成します。

STEP 01 UV球でキャラクターの頭を作成しよう

作例ではクマのキャラクターの頭を作成します。新しく3DCGを作成するには、[ファイル] メニューの [新規] → [全般]（バージョン2.90では [General]）を選択します。

新しいシーンが作成されるので、配置されているCubeを選択して削除します。

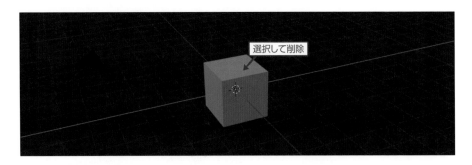

選択して削除

ビューポートの [追加] をクリックして、[メッシュ] → [UV球]（バージョン2.90では [UV Sphere]）を選択します。

ビューポートにUV球のオブジェクトが追加されました。

デフォルトでは、球の半径が1mで作成されているので50cmに縮小します。縮小するには、球を追加した直後にビューポートの左下に表示されている［UV球を追加］をクリックしてオペレーターパネルを表示します。

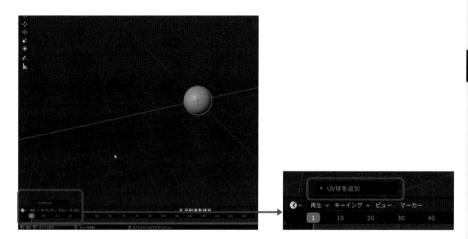

オペレーターパネルが表示されたら［半径］の値に「0.5」と入力します。

UV球が半分の大きさになりました。

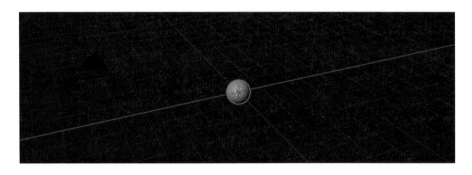

STEP 02 あごや鼻を作成する

　頭ができたら球を使って、クマのあごや鼻のパーツを作っていきます。パーツを配置しやすいように、ビューポートを分割します。ビューポートの［ビュー］をクリックして、［エリア］にある［四分割表示］を選択するか、Ctrl+Alt+Qキーを押します。

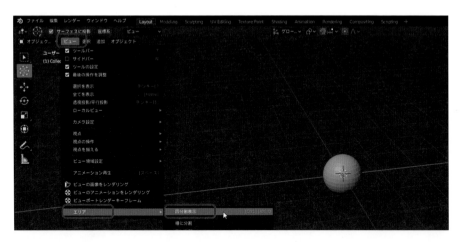

　ビューポートが四分割になりました。デフォルトでは左上がトップ、左下がフロント、右下がライト、右上が透視投影によるユーザービューになっています。1画面に戻すときは、もう一度［ビュー］をクリックして［エリア］→［四分割表示］を選択するか、Ctrl+Alt+Qキーを押します。

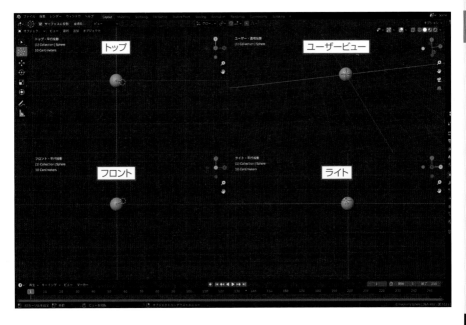

各ビューポートで中ボタンのホイールを回すか、Ctrl+中ボタンでズームして配置しやすくします。

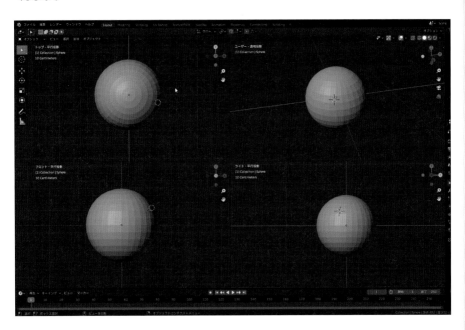

作成する球の位置を決めるために、3Dカーソルを移動します。ツールバーから［カーソ
ル］ツールをクリックして選択します。

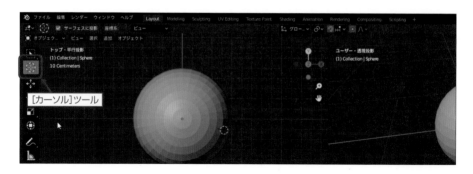

あごのパーツを作成したいので、ビューポートを［カーソル］ツールでクリックし、作成す
る位置に3Dカーソルを移動します。

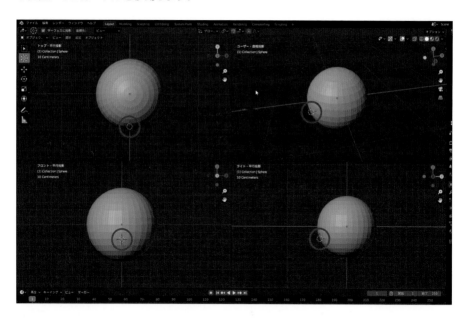

［追加］をクリックして、［メッシュ］→［UV球］（バージョン2.90では［UV Sphere］）
を選択します。

3Dカーソルの位置に球のオブジェクトが作成されます。

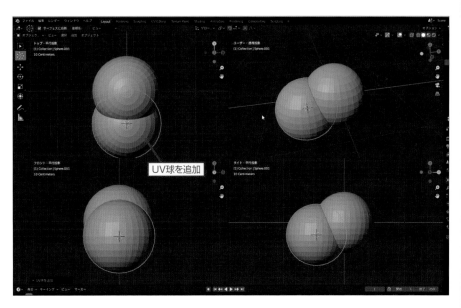

UV球を追加

　このままでは、サイズが大きいので追加された球を選択して、［拡大縮小］（バージョン2.90では［スケール］）ツールを使って小さくします。

　まず、ツールバーで［拡大縮小］（バージョン2.90では［スケール］）ツールを選択します。［拡大縮小］（［スケール］）ツールのギズモが表示されるので、マニュピレータに表示されている中央にある白い円をドラッグして、球のサイズを小さくします。

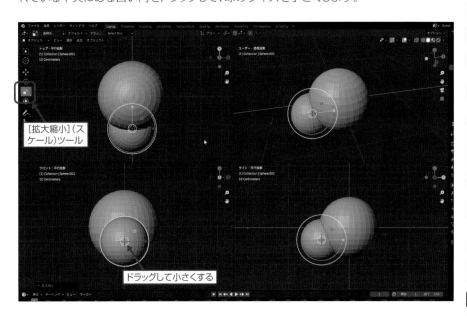

［拡大縮小］（スケール）ツール

ドラッグして小さくする

あごができたら鼻を作成します。鼻もUV球で作成します。鼻を作成したい位置に3Dカーソルを移動します。

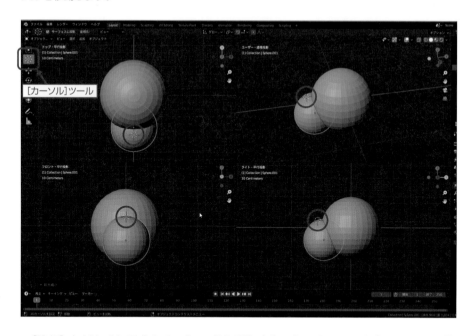

[カーソル]ツール

　[追加]をクリックして[メッシュ] → [UV球](バージョン2.90では[UV Sphere])を選択して球を作成します。

[メッシュ]→[UV球](バージョン2.90では[UV Sphere])を選択

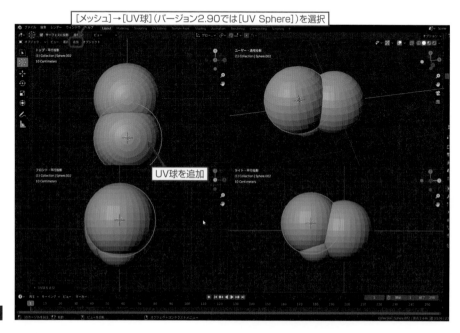

UV球を追加

作成された球のサイズを［拡大縮小］（バージョン2.90では［スケール］）ツールを使って小さくします。

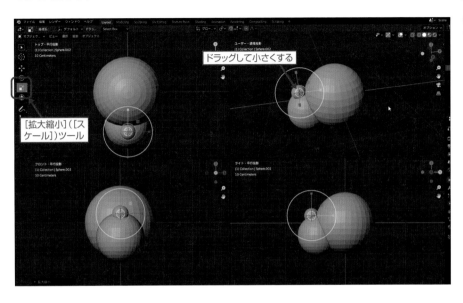

STEP
03

目は片方を複製して
作成する

次に目を作成します。形や大きさが同じパーツは複製して作成します。左目を配置したい位置に3Dカーソルを移動します。

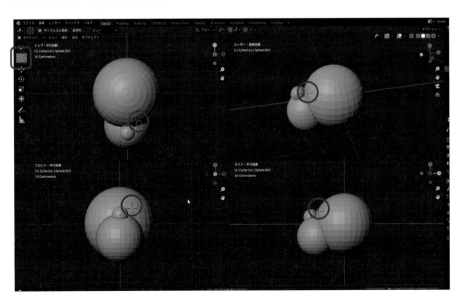

［追加］をクリックして、［メッシュ］ → ［UV 球］（バージョン 2.90 では ［UV Sphere］）を選択して UV 球を追加します。追加された球は、［拡大縮小］ツール（バージョン 2.90 では ［スケール］）を使ってサイズを小さくします。

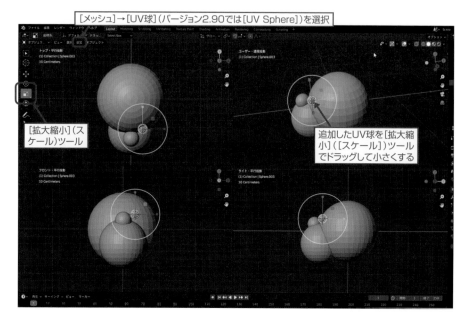

[メッシュ]→[UV球]（バージョン2.90では[UV Sphere]）を選択

[拡大縮小]（ス
ケール)ツール

追加したUV球を[拡大縮
小]（[スケール]）ツール
でドラッグして小さくする

右目は作成した左目を複製して作成します。わかりやすいように ［ビュー］ → ［エリア］ → ［四分割表示］を選択して 1 画面に切り替えています。ビューの方向はフロントです。

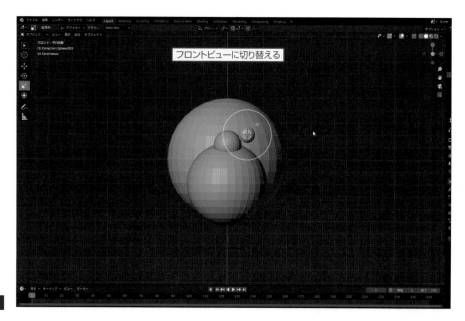

フロントビューに切り替える

左目を［ボックス選択］ツールで選択してShift+Dキーを押します。

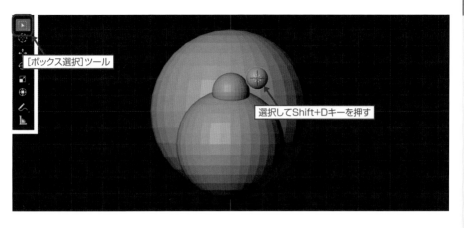

[ボックス選択]ツール

選択してShift+Dキーを押す

マウスカーソルに複製された球が追従するので、右目を追加したい位置でクリックします。

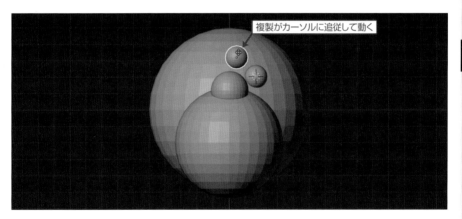

複製がカーソルに追従して動く

左目が複製されて右目ができました。

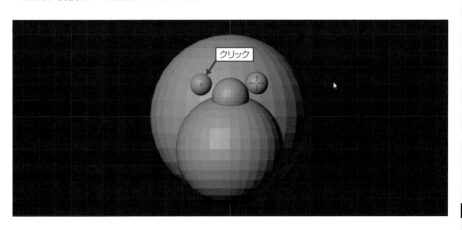

クリック

STEP 04 耳は円柱で作成する

　耳を作成します。耳は円柱で作成します。左耳を作成したい位置に3Dカーソルを移動します。

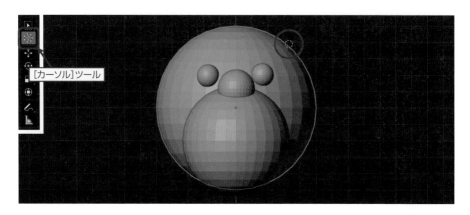

　[追加] をクリックして、[メッシュ] → [円柱]（バージョン2.90では [Cylinder]）を選択します。

　かなり大きな円柱が追加されるので、左下に表示される [円柱を追加] をクリックしてオペレーターパネルを開き、[半径] と [深度] の値を調整します。ここでは [半径] を「0.15m」、[深度] を [0.1m] に設定しました。

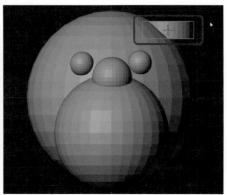

オペレーターパネルで大きさを変更する前に円柱の選択を解除してしまった場合は、円柱を選択した状態で、[オブジェクトプロパティ] ■ の [トランスフォーム] → [拡大縮小]（バージョン2.90では [スケール]）の値を変更して、円柱の高さを縮小します。

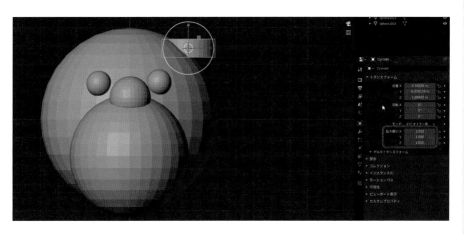

作成したパーツを選択して、[トランスフォーム] → [回転] の「X」の値に「90」と入力して、円柱を回転させます。

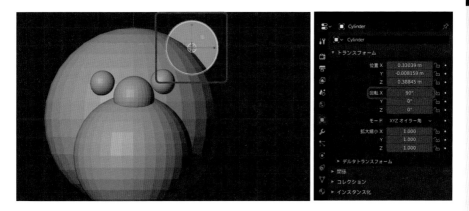

反対側の耳は、作成した円柱を選択して、Shift+Dキーで複製し、右耳の位置をクリックして作成します。

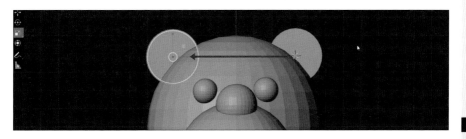

最後に作成したすべてのオブジェクトを［ボックス選択］ツールを使って矩形で囲んで選択します。選択したら右クリックして、［スムーズシェード］を選択します。

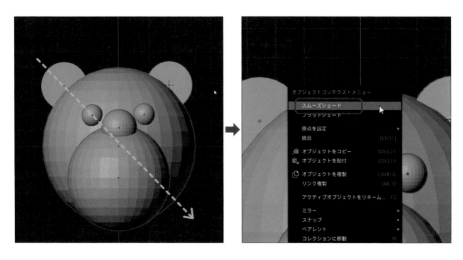

これで、プリミティブオブジェクトを使ったクマのモデルが作成できました。

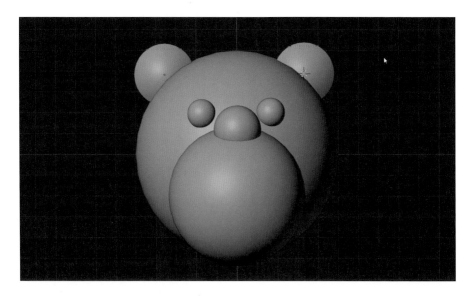

02

ポリゴンを編集しよう

より自由な形状を作成できるように
プリミティブオブジェクトを編集する方法を
覚えましょう。

01
オブジェクトを編集する

基本的なオブジェクトを組み合わせているだけでは、作成できるモデル
に限界があります。自由に形状を作成するにはオブジェクト自体の形状
を編集していきます。

STEP 01 オブジェクトを編集可能にする

まずは簡単にオブジェクトを編集する方法を紹介します。ここではUV球を編集してみます。ビューポートの［追加］をクリックして［メッシュ］→［UV球］（バージョン2.90では［UV Sphere］）を選択します。

ビューポートにUV球が追加されるので、選択した状態でビューポートの左上にある［モード切替］をクリックして、［編集モード］を選択します。

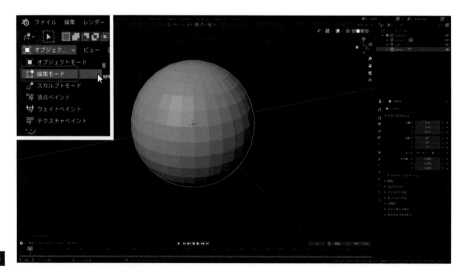

　［編集モード］に切り替わると、選択されていたオブジェクトの表示が図のように変化します。この状態は頂点がすべて選択されている状態です。

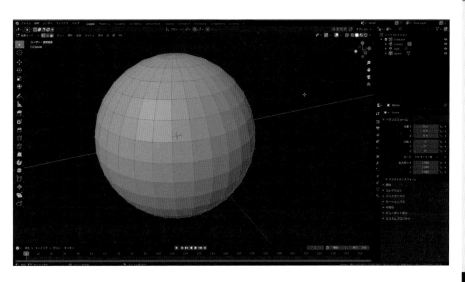

　オブジェクトは頂点、辺、面の3つの要素で構成されています。2つの頂点を結んだ線が辺、辺で囲まれた内側にある平面を「面」と呼びます。

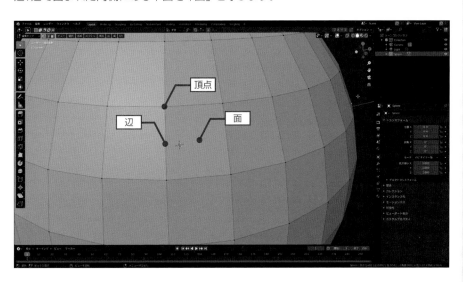

選択モードを
切り替える

[編集モード] で、頂点や辺、面を選択するには、選択モードを切り替える必要があります。選択モードは [編集モード] の右側にあります。順に [頂点選択] [辺選択] [面選択] になっています。

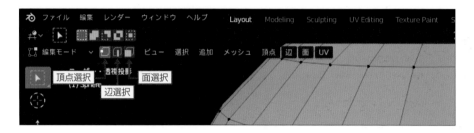

頂点や辺、面を選択する場合は、オブジェクトを選択する場合と同じで2つめ以降をShiftキーを押しながら選択すると複数選択することができます。

[面選択] の場合

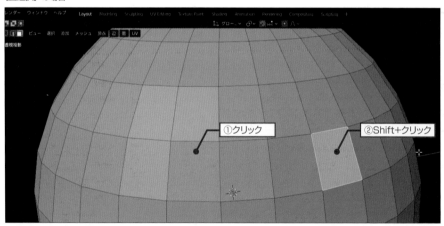

選択の方法には、いくつかの方法が用意されています。その方法を紹介します。

▶ 水平方向へ1列選択する

たとえば頂点を水平方向へ1列すべて選択したいという場合は、まず [頂点選択] で水平方向に連続する2つの頂点を選択し、次にビューポートの [選択] をクリックして、[ループ選択] → [辺ループ] (バージョン2.90では [Edge Loops]) を選択します。

[頂点選択] の場合

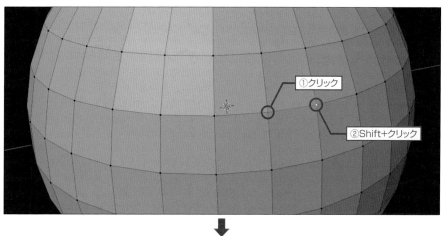

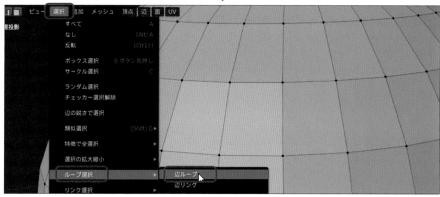

すると、このように水平方向へ1周頂点が選択されます。

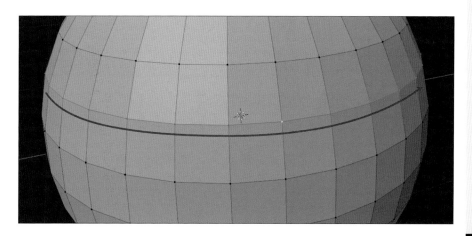

辺を水平方向へ選択したい場合は、[辺選択] で水平方向の辺を選択し、[辺ループ] を選択します。

[辺選択] の場合

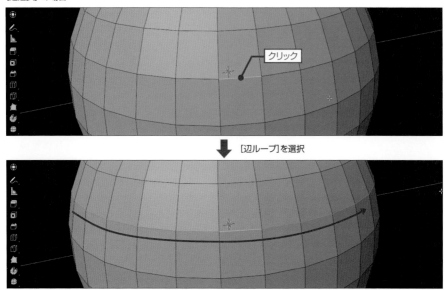

面を水平方向へ選択したい場合は、[面選択] で面を1つ選択し、次にAltキーを押しながら隣の面を選択します。

[面選択] の場合

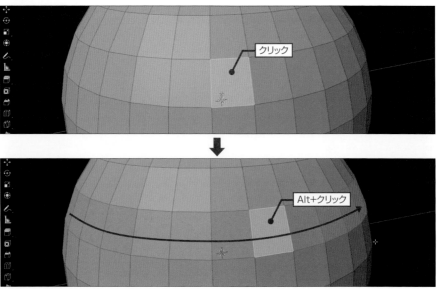

▶ 垂直方向へ半周分選択する

　頂点や辺を垂直方向へ選択したい場合は、垂直方向へ２つの頂点もしくは垂直方向の辺を選択して［選択］→［ループ選択］→［辺ループ］（バージョン 2.90 では［Edge Loops］）を選択します。ただし、この場合は１周ではなく 1/2 周分の選択となります。

［辺選択］の場合

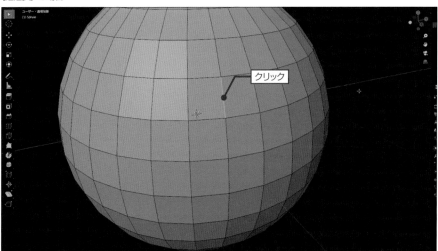

クリック

↓ ［辺ループ］を選択

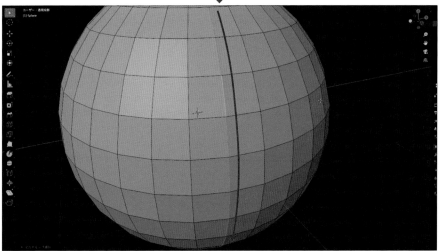

面を垂直方向へ選択したい場合は、まず面を選択して、垂直方向の辺の位置をaltキーを押しながらクリックします。この場合も1/2周分の選択となります。

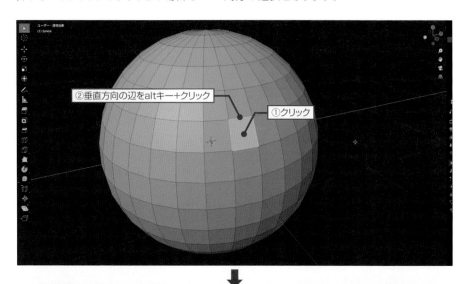

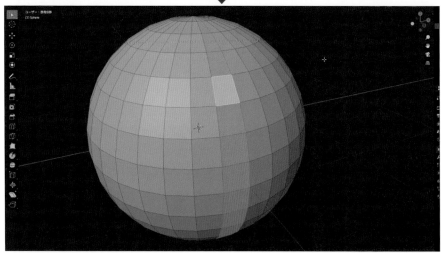

▶ 選択を反転する

選択を反転させたい場合は、[選択] → [反転] を選択します。

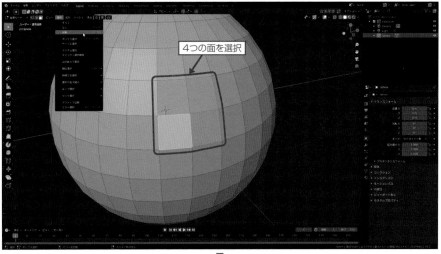

4つの面を選択

[選択]→[反転]を選択

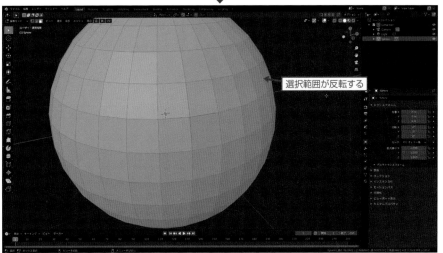

選択範囲が反転する

▶ すべて選択する

一度に全部選択したい場合は、[選択] → [すべて] を選択します。

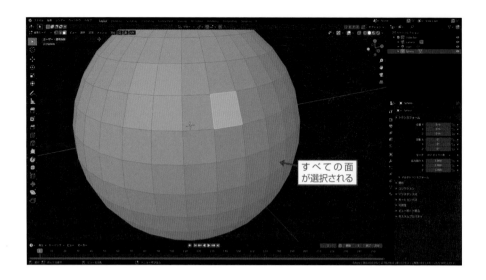

すべての面
が選択される

頂点や辺、面を
削除する

　頂点や辺、面を削除したい場合は、削除したい要素を選択して、Xキーを押します。

　Xキーを押すと、削除する要素を選択するメニューが表示されるので、目的に応じた項目
を選択します。

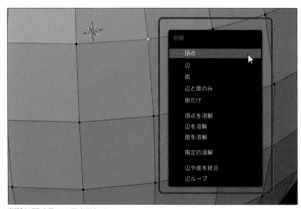

削除に関するコンテキストメニュー

▶［頂点］［辺］［面］

　選択されている範囲から、メニューから選んだ要素だけを削除します。たとえば、［頂点］
を選択すると、選択されている範囲の頂点を削除します。

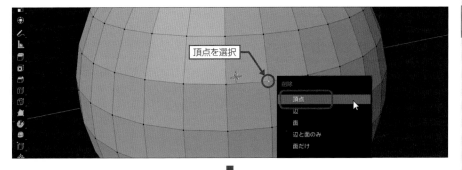

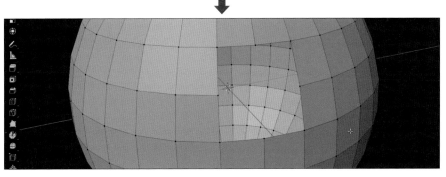

▶[辺と面のみ]

選択されている範囲から、辺と面だけを削除します。

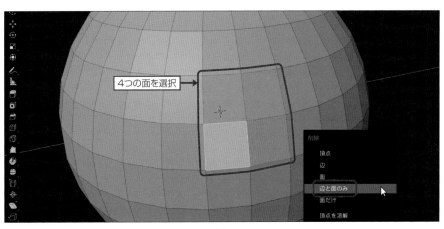

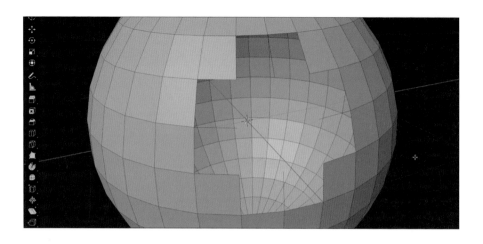

▶ [面だけ]

選択されている範囲から、面だけを削除します。

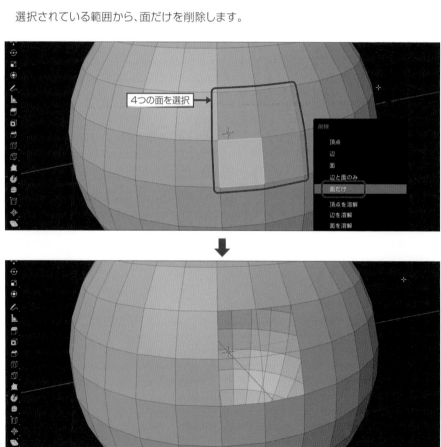

▶ [頂点を溶解] [辺を溶解] [面を溶解]

　溶解を選択すると、選択している要素を削除して欠損させるのではなく、面が構成された状態で、溶解で選択された要素だけを削除することができます。たとえば図のように1つの辺を選択した状態で、[辺を溶解] を選択して実行します。

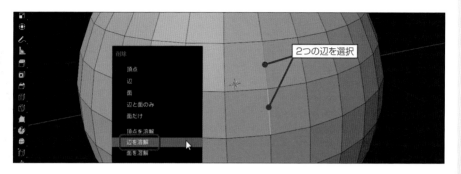

2つの辺を選択

　すると、選択した辺だけが削除されて面は残ります。

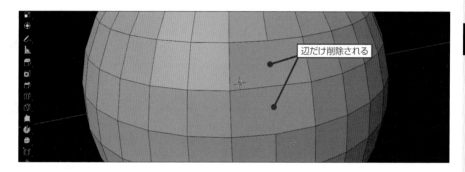

辺だけ削除される

▶ [限定的溶解]

　[限定的溶解] を選択すると、ビューポートの左下にオペレーターパネルが表示されるので、そこで選択した項目が消去されます。マテリアル（→P.186「01 マテリアルを設定する」）やUV（→P.210「04 UVマップを作成する① 基本」）を消去する場合に使用します。

▶ [辺や面を統合]

選択されている要素を削除して、周囲の頂点や辺を集約します。

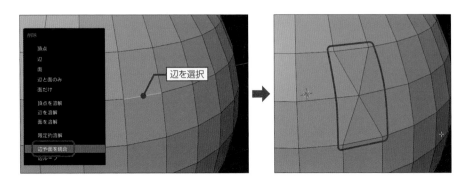

▶ [辺ループ]

選択した辺に隣接するループ方向の両側の面を統合します。

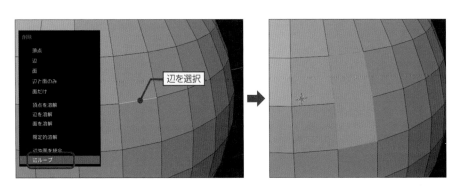

v2.9 バージョン2.90の表記について

バージョン2.90では頂点、辺、面の選択関連のメニューでも日本語化されていない部分があります。今後のアップデートで日本語化されると思いますが、以下に [選択] メニューの例を上げておきます。

[選択] メニュー
　　[All] （すべて）
　　[None] （なし）
　　[Invert] （反転）
　　　　：
　　[ループ選択]
　　　　[Edge Loops] （辺ループ）
　　　　[Edge Rings] （辺リング）

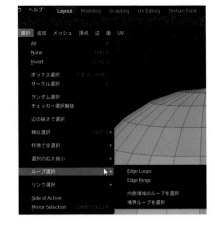

02
キャラクターのボディを作成しよう

ここからは、立方体を使ってキャラクターのボディをモデリングしてみ
ます。ここでは、P.52「03 キャラクターを作成しよう」で作成したクマ
のキャラクターのボディ部分を作成していきます。

●サンプルデータ：Ch02-02.blend、Ch02-02_finish.blend

<table>
<tr><td>STEP
01</td><td>頭のモデル用に
コレクションを作成する</td></tr>
</table>

まずは、1章で作成したクマの頭のシーンを開きます。

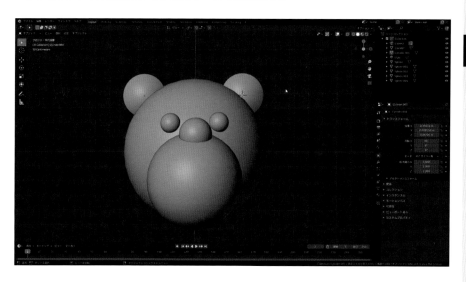

　クマの頭を構成するモデルを管理しやすいように「コレクション」にまとめます。コレク
ションとは、複数のオブジェクトをまとめて非表示にしたり選択するための機能です。多くの
オブジェクトを使って構成されているようなモデルを管理するには非常に便利な機能です。
コレクションにまとめるには、まず［オブジェクトモード］でコレクションにまとめたいオブジェ
クトをすべて選択します。

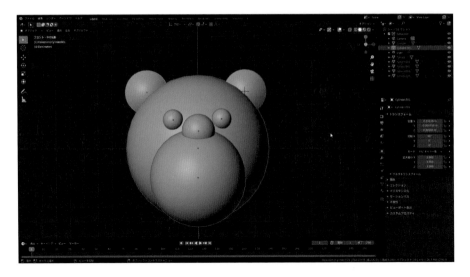

選択できたら、Mキーを押します。するとコンテキストメニューが表示されるので、[New Collection] を選択します。

[コレクションに移動] のオプションが表示されるので [名前] に作成したいコレクションの名前を入力します。ここでは「head」と名前を入力して OK をクリックします。

アウトライナーを見ると、「head」という名前のコレクションが作成されました。

　headコレクションを選択して、右クリックし［オブジェクトを選択］を選択すると、コレクションに入っているオブジェクトがすべて選択されます。

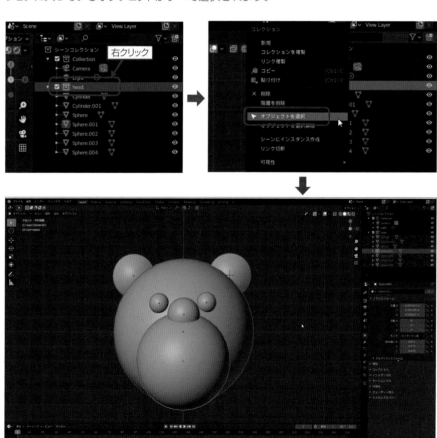

ボディを作るために
立方体を作成する

　ここでは立方体をベースにボディのモデルを作成していきましょう。まずは、頭部をすべて選択して、ボディを作る空間を空けるため上へ移動します。

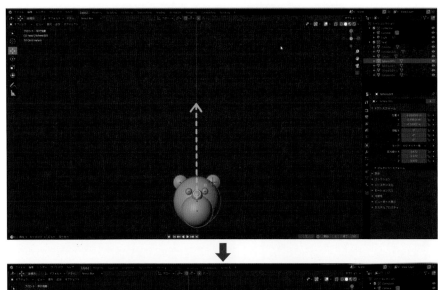

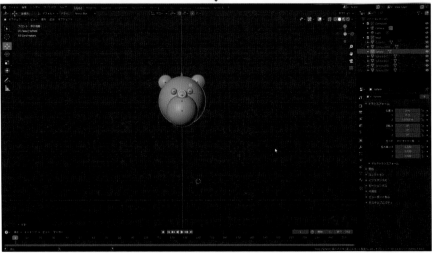

　Ctrl＋Alt＋Qキーを押してビューポートを四分割します。

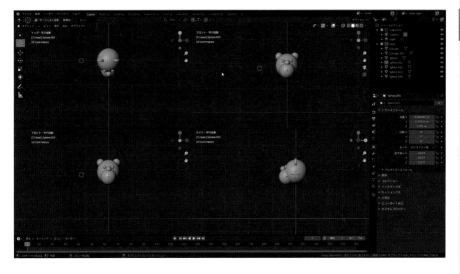

3Dカーソルを立方体を作成する位置に移動します。

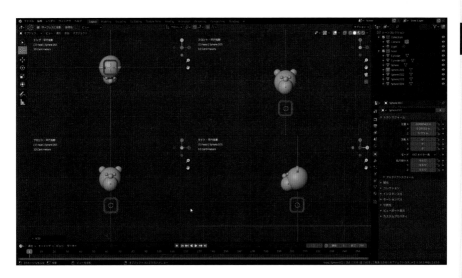

アウトライナーで最初から作成されている「Collection」という名前のコレクションを選択しておきます（右図）。「head」コレクションが選択されていると、「head」コレクション内にオブジェクトが作成されてしまいます。

［追加］をクリックして［メッシュ］→［立方体］（バージョン2.90では［Cube］）を選択して、3Dカーソルの位置に立方体を作成します。

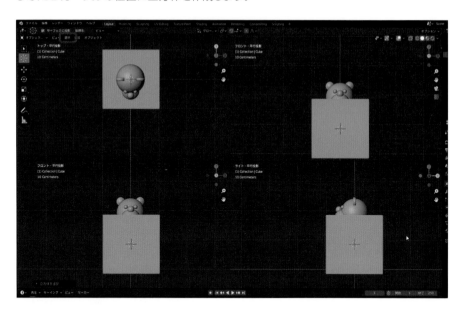

STEP
03
ループカットで
辺（分割線）を増やす

デフォルトの立方体は辺が少ないので、細かな編集はできません。そこで、ループカットを使って辺（分割線）を増やします。ループカットを使用すると簡単にオブジェクトの辺を増やしていくことができます。

まずは、Ctrl+Alt+Qキーでビューを4画面から1画面に切り替え、ビューをフロントに切り替えて、立方体を選択します。

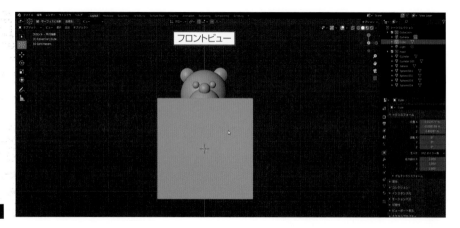

［編集モード］に切り替えて（右図）、ビューポートの左側にある［ループカット］ツールのアイコンをクリックします。

最初に垂直方向の辺を追加します。マウスカーソルを立方体の水平の辺に合わせると、垂直方向に黄色い辺が表示されるのでクリックして確定します。

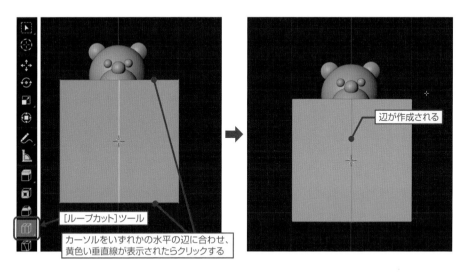

［ループカット］ツール

カーソルをいずれかの水平の辺に合わせ、黄色い垂直線が表示されたらクリックする

辺が作成される

ビューを回転させると、立方体の垂直方向に1周分辺が作成されているのがわかります。

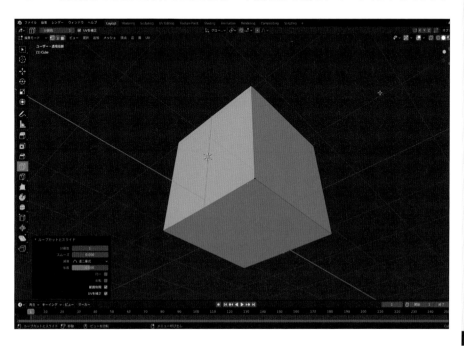

続けて、垂直方向の辺にマウスカーソルを合わせると、水平方向に黄色の辺が表示されるのでクリックして確定します。

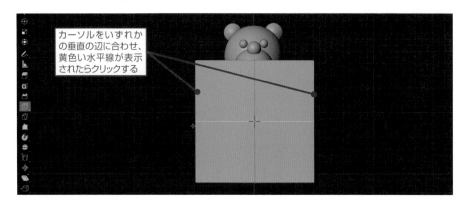

水平方向の辺も追加できました。

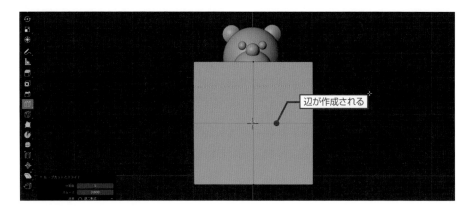

辺が作成される

H I N T **分割線の数**

[ループカット] では、デフォルトの分割数は1に設定されています。一度に複数の線で分割したい場合は、ビューポートの左上に表示される [分割数] の値を変更するか（下左図）、左下に表示されるオペレーターパネルの [ループカットとスライド] にある [分割数] の値を変更します（下中央図）。

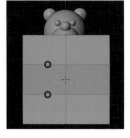

[分割数]を2に設定すると、
一度に2つの辺が作成される →

側面の垂直方向にも同じようにループカットで辺を追加します。

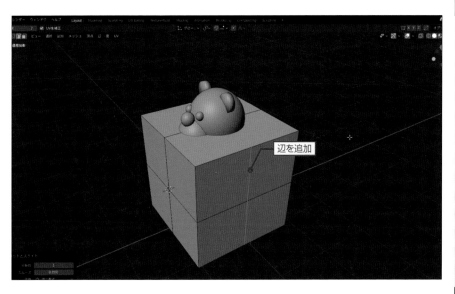

辺を追加

STEP
04

立方体を
丸く編集する

クマのボディなので、立方体をなるべく柔らかい丸い形になるように編集していきます。編集する際には、[透過表示] をオンにして背面も選択できるようにしておきます。

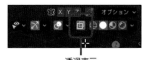

透過表示

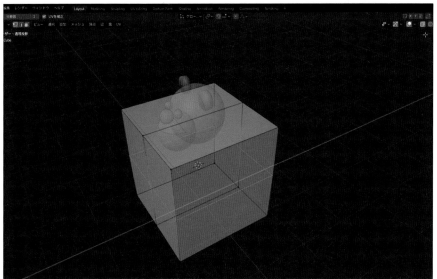

[面選択] に切り替えて（右図）、前面と背面の面をすべて選択します。面を選択する場合は、それぞれの面の中央に表示されている黒い点をShiftキーを押しながらクリックすると間違いなく選択することができます。

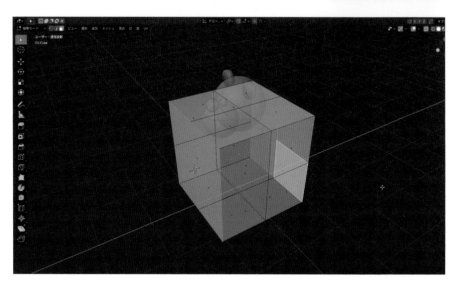

　テンキーの「1」を押してビューをフロントに切り替え、[拡大縮小]（バージョン2.90では[スケール]）ツールで、表示されるギズモのX軸（赤）とZ軸（青）をドラッグして、X軸方向、Z軸方向のスケールだけ小さくします。

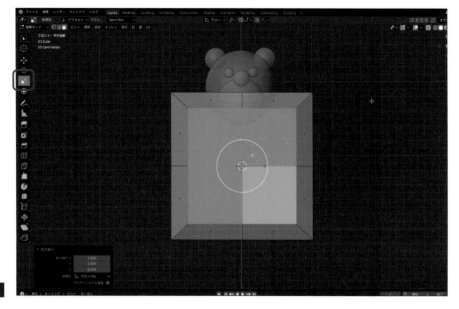

ビューポートを回転させて、左右の側面も同様に選択します。

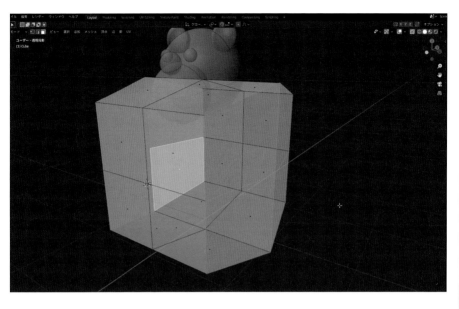

テンキーの「3」を押して、ビューをライトに切り替えます。

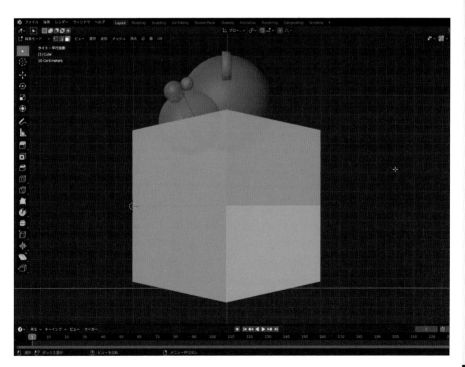

［拡大縮小］（バージョン2.90では［スケール］）ツールを使って、表示されるギズモのY軸（緑）とZ軸（青）をドラッグして、Y軸方向とZ軸方向のスケールのみを小さくします。すると、選択されている左右の側面のスケールが同時に小さくなります。

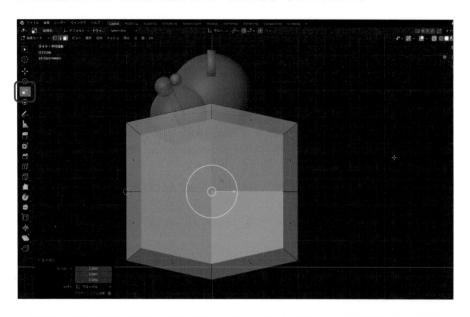

選択モードを［頂点選択］に切り替えて、頂点をボックス選択します。頂点を選択するときは必ずボックス選択して、背面側の頂点も一緒に選択するように注意します。

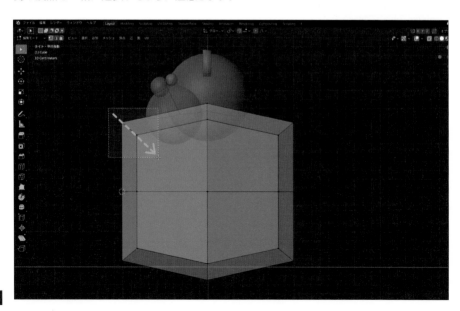

［移動］ツールを使って、選択した頂点を内側に移動します。

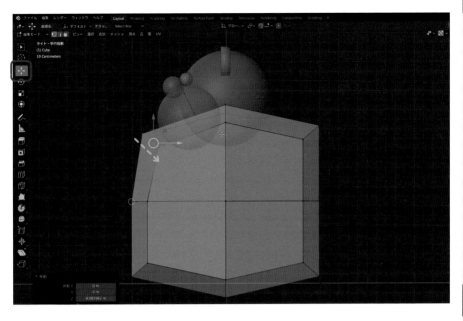

同様にほかの角の部分も頂点を移動して、丸みを帯びた形に近づけていきます。

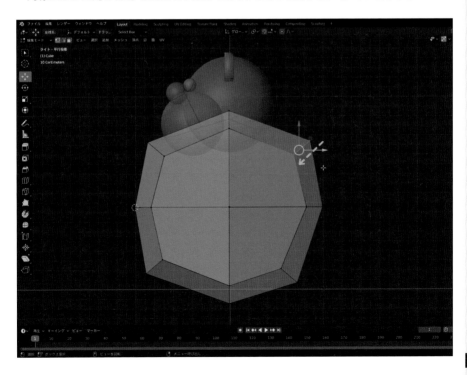

テンキーの「1」を押してビューをフロントに切り替えます。前から見た状態でも丸みを帯びた形状になるように頂点を移動して形を整えていきます。

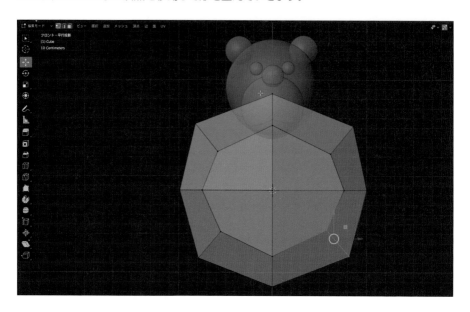

左右対称の形状の場合は、半分だけモデリングして反対側は［ミラー］モディファイアーを使用して複製すると効率的です。画面左半分の頂点をボックス選択してXキーを押し、表示されるコンテキストメニューから［頂点］を選択して削除します。

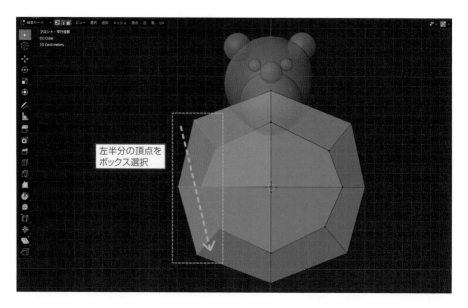

左半分の頂点を
ボックス選択

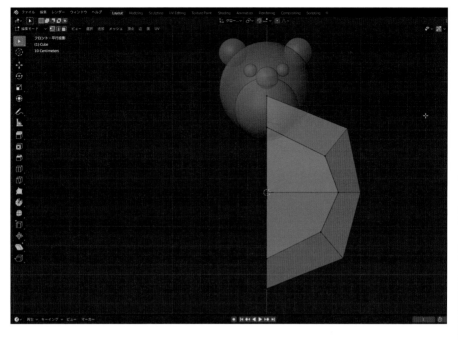

　このままだと少し丸すぎるので、頂点を動かしながら輪郭を調整していきます。輪郭を調整する場合にもボックス選択で背面の頂点も選択して、同時に[移動]ツールで動かすという点がポイントになります。

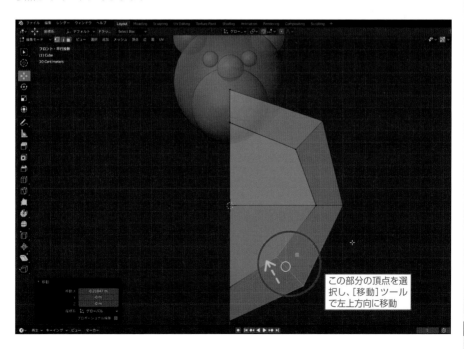

この部分の頂点を選択し、[移動]ツールで左上方向に移動

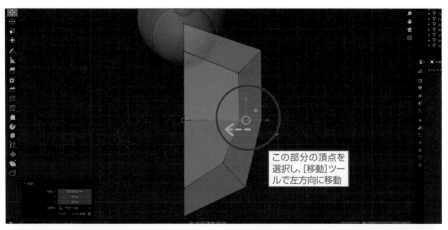

この部分の頂点を
選択し、[移動]ツー
ルで左方向に移動

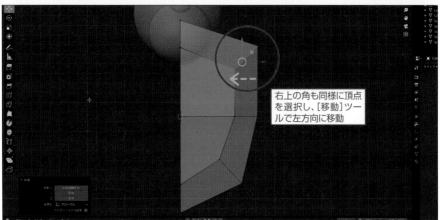

右上の角も同様に頂点
を選択し、[移動]ツー
ルで左方向に移動

テンキーの「3」で、ビューをライトに切り替えます。横から見た輪郭も調整していきます。

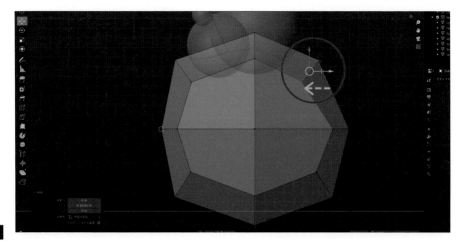

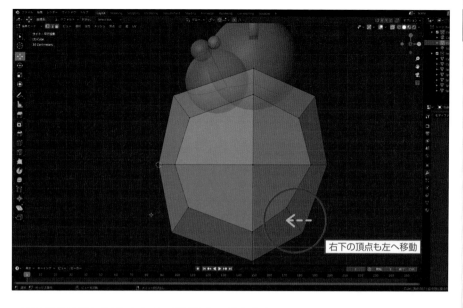

右下の頂点も左へ移動

底の部分は脚を伸ばしたいので平らにしておきます。

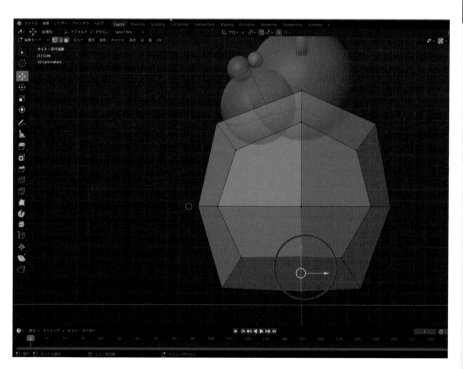

押し出しを使って
手足を作成する

　輪郭の調整ができたら、手足を作成していきます。手足はボディの面を押し出して作成していきます。まずは腕から作成していきましょう。ループカットを使って腕を伸ばす面を作成するために辺を追加します。[ループカット]ツールを選択して[分割数]は「1」に設定しておきます。側面の２箇所をクリックして、垂直方向に辺を追加します。

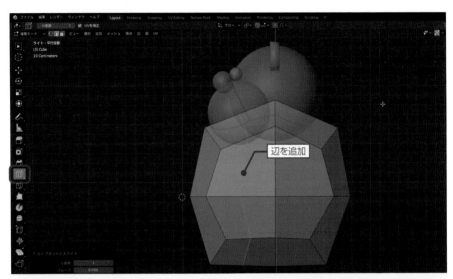

辺を追加

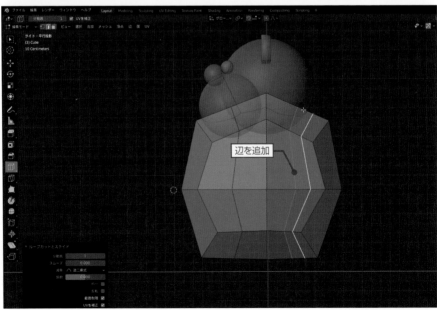

辺を追加

追加した辺が折れ曲がっているので、真っ直ぐにします。[頂点選択]にして、前側に追加した辺を構成すつ頂点をボックス選択ですべて選択します。

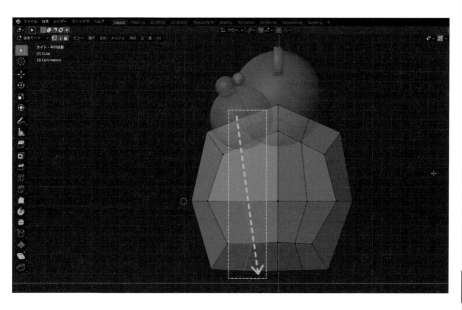

[拡大縮小]（バージョン2.90では［スケール]）ツールを選択し、[拡大縮小]（[スケール]）ツールのギズモのY軸のハンドルを左へドラッグします。

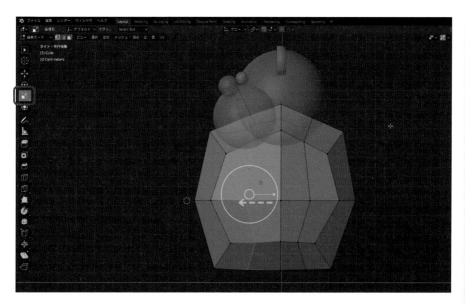

手動では正確に真っ直ぐドラッグしづらい場合は、表示されるオペレーターパネルで、[拡大縮小]([スケール])の「Y」の値を0に設定します。ショートカットキーを使う場合は、S（スケール）+Y（Y軸）+0（テンキーではない0）キーを押し、Enterキーを押します。

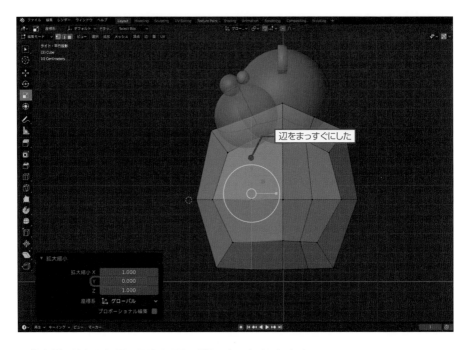

背中側に追加した辺の頂点も同じ手順で真っ直ぐにします。

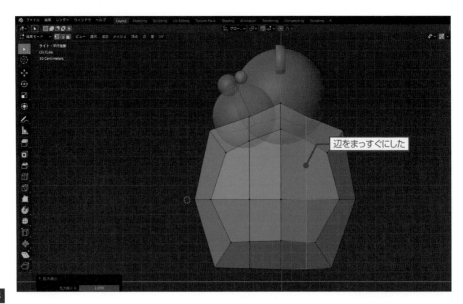

次にテンキーの「1」でビューをフロントに切り替え、ループカットで胸のあたりに水平方向に辺を追加します。

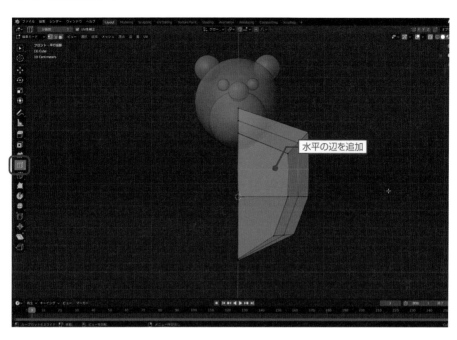

水平の辺を追加

追加した辺の頂点も水平方向に真っ直ぐにしたいので、頂点を選択して、S+Z+0(テンキーではないO)キーを押して真っ直ぐに揃えます。

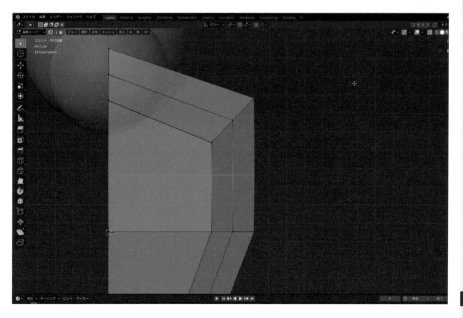

［透過表示］をオフにして、腕を伸ばしたい位置の面を選択します。

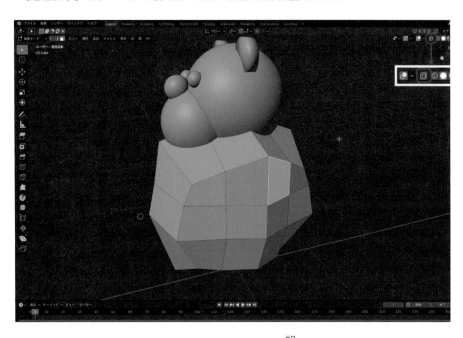

［拡大縮小］（［スケール］）ツールを選択して、S＋X＋0（テンキーではない0）キーを押してX軸のスケールを「0」に設定して2つの面を平面化します。

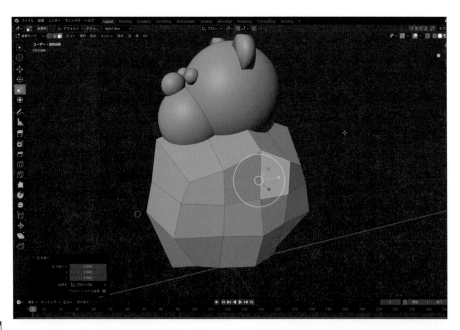

選択した面を押し出すため、[押し出し] ツールを選択します。

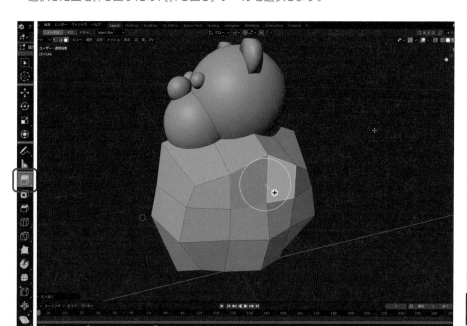

テンキーの「1」でビューをフロントに切り替えて、表示されている ➕ のハンドルをドラッグして必要な長さに押し出します。

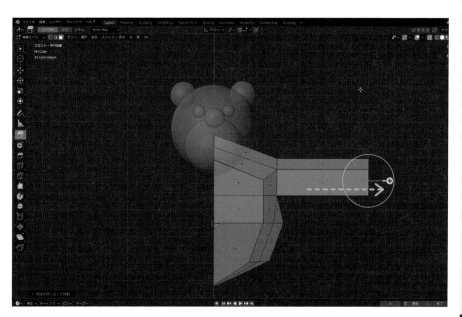

次に脚を伸ばしていきます。脚を伸ばしたい位置の面を選択します。

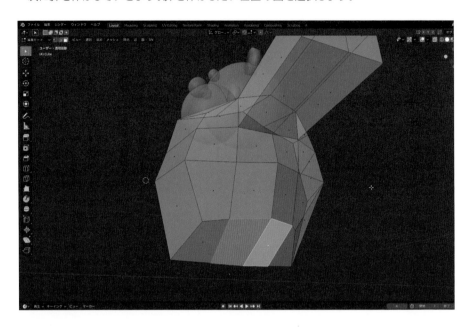

[押し出し] ツールを選択します。

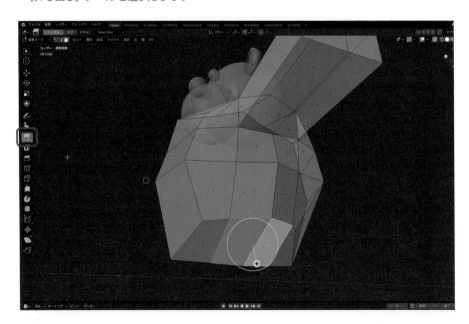

ビューをフロントに切り替えて、表示されている ⊕ のハンドルをドラッグして必要な長さに押し出します。

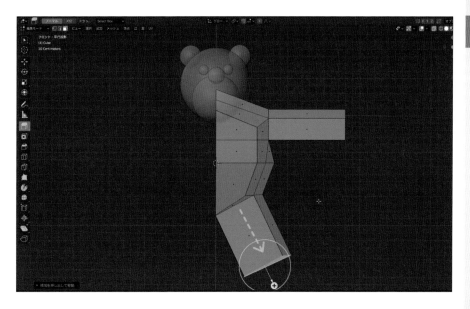

v2.9 バージョン2.90の[押し出し]ツールの機能アップ

バージョン2.90の[押し出し]ツールでは、従来のオプションに加えて[直交する辺を溶解]という項目がオペレーターパネルに追加されました。これまでは押し込む面に直交する面が隣接している場合、直交する面は押し込まれずに、面として残ってしまっていましたが、[直交する辺を溶解]をオンにすると、自動的に押し込んだ面に直交する辺を自動的に溶解して、不要な面を削除してくれます。建物や、メカニカルなパーツの形状を作成する場合に非常に重宝する機能です。

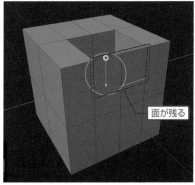

面が残る

従来の方法で押し込んだ状態

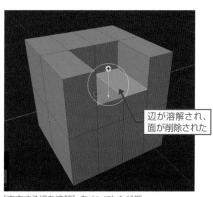

辺が溶解され、面が削除された

[直交する辺を溶解]をオンにした状態

ミラーで
左右対称にする

　ここまでできたところで、反対側も作成して全体的なバランスを見ます。このような半分の形状から反対側を作成するには、[ミラー] モディファイアーを使用します。[ミラー] モディファイアーを使用する前に、ビューをフロントに切り替えて、[オブジェクトモード] に戻してからボディのオブジェクトを選択した状態にしておきます。

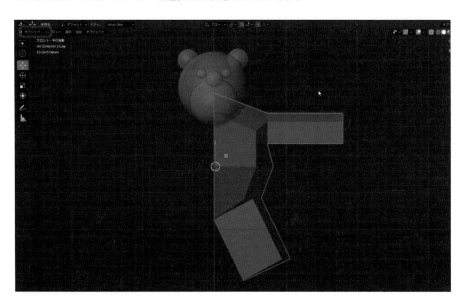

　[プロパティ] エディターで [モディファイアープロパティ] 🔧 をクリックして切り替えます。

[モディファイアーを追加] をクリックして、[生成] にある [ミラー] を選択します

　選択されていたオブジェクトがミラーリングされて反対側も作成されました。[ミラー] モディファイアーの [軸] は「X」を選択しています。この軸は、オブジェクトが作成されている状況で変化するので、正常にミラーリングされる軸を選択します。

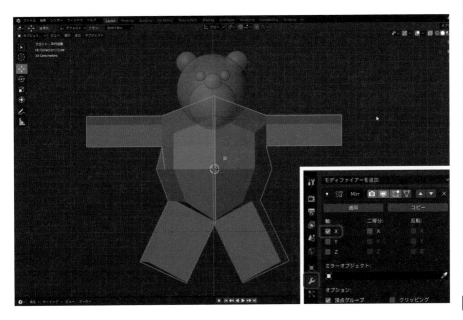

ミラーリングしたときに、図のようにセンターが重なってしまう場合があります。これは、［ミラー］を適用してオブジェクトの重心がずれてしまっているからです。

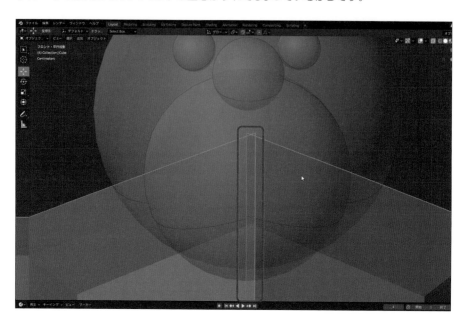

　そのような場合は、重心をミラーリングしたときのセンターに移動します。3Dカーソルをミラー元のオブジェクトの一番左端に移動します。

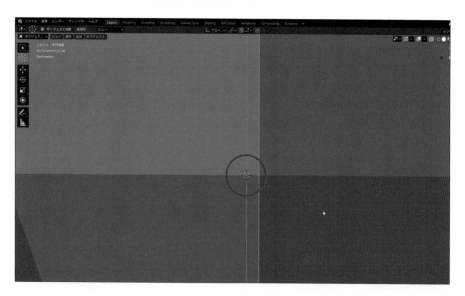

ビューポートの［オブジェクト］をクリックして［原点を設定］→［原点を3Dカーソルへ移動］を選択します。

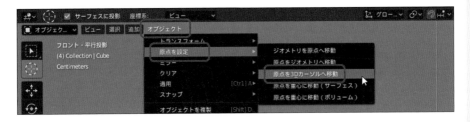

ミラーリングしたときのズレが直りました。

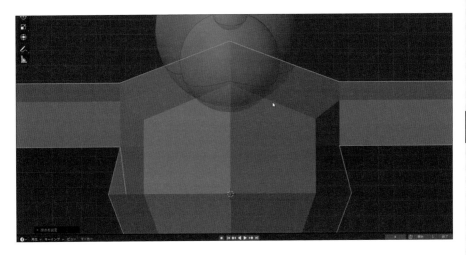

大きく拡大しないとわからない程度のズレは、［ミラー］モディファイアーの［結合距離］の値を調整すると解消することができます。

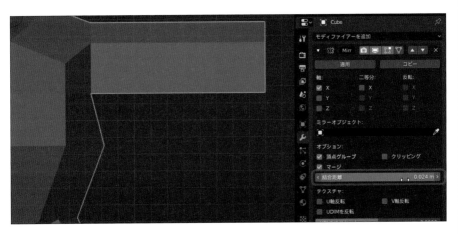

バージョン2.90の［ミラー］モディファイアの変更点

バージョン2.90では、［ミラー］モディファイアのプロパ
ティの内容も変更されています。2.90では図のように、本
文中にある［結合距離］という記述がなくなっているので、
センターのズレを調整する場合は、［マージ］にチェックを
入れ、値を入力して調整します。

STEP 07 ループカットやカットを使って 形状を整えていく

　手足ができたところで、関節部分や輪郭を調整したい部分に辺を追加しながら輪郭を調
整していきます。ボディのオブジェクトを選択して［編集モード］に切り替えます。ミラーリ
ングされているので、画面左側の形状は右側の形状を修正すると、自動的に修正されます。
ループカットなどで辺を増やした場合も左側の形状に自動的に反映されます。

　では、腕から輪郭を調整していきます。［ループカット］を使って腕に辺を追加していきま
す。まずは、［ループカット］の分割数を「3」に設定して、腕の中央をクリックします。

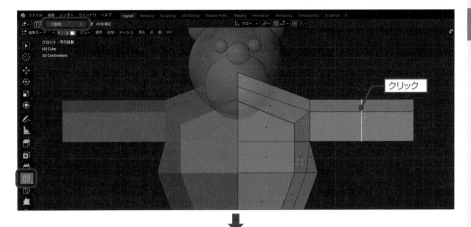

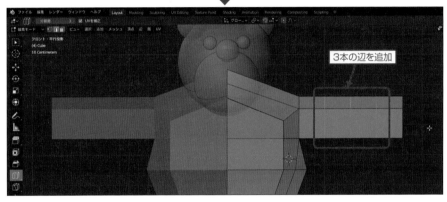

［ループカット］の分割数を「1」に戻して、腕の先端部分に辺を追加します。

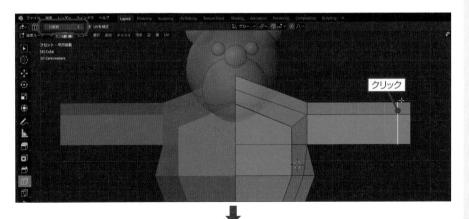

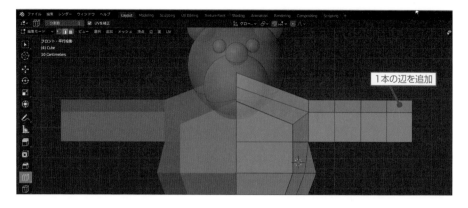

[頂点選択]に切り替えて、ボックス選択で腕の先端の頂点をすべて選択します。

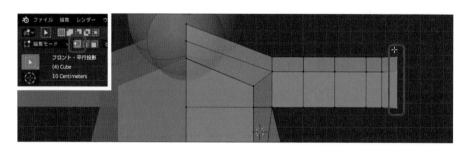

[拡大縮小]ツール(バージョン2.90では[スケール])に切り替えて、選択されている頂点部分に表示されるギズモの内側の白い円をドラッグしてスケールを小さくします。

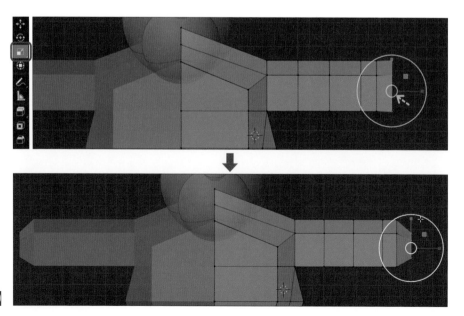

同じ要領で、腕の輪郭を図のような形に調整します。

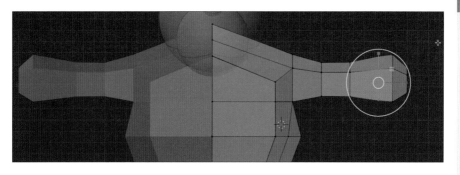

脚も［ループカット］を使って、図のように辺を追加していきます。

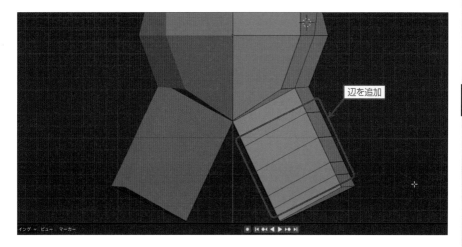

辺を追加

　頂点を選択して、［拡大縮小］ツール（バージョン2.90では［スケール］）を使って脚の輪郭を修正していきます。斜めにまとめて頂点を選択したい場合は、［投げ縄選択］ツールを使用すると便利です。

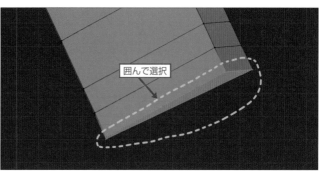

囲んで選択

［拡大縮小］ツール（バージョン2.90では［スケール］）を使って断面の太さを調整します。斜めに選択されている要素のスケールを編集するには、［座標系］を「ノーマル」に切り替えると、面の向きに合わせてスケールを調整できます。［拡大縮小］ツール（バージョン2.90では［スケール］）を選択すると表示される［座標系］の［ノーマル］を選択します。

［拡大縮小］ツール（バージョン2.90では［スケール］）で断面の太さを調整します。

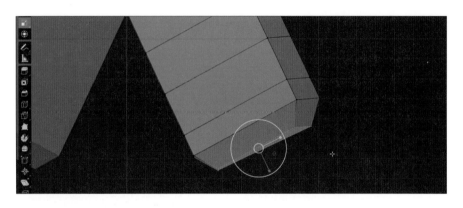

図のような感じに輪郭を調整しました。

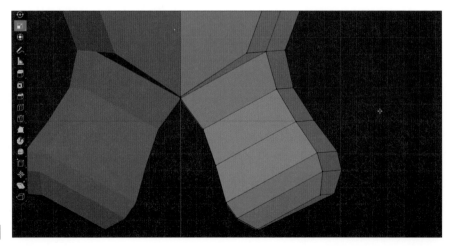

全体の輪郭を
調整していく

　手足の輪郭が大体できたら、辺を増やしながらボディの曲面を編集していきます。特に垂直方向の辺が少ないので、ループカットを使って増やします。

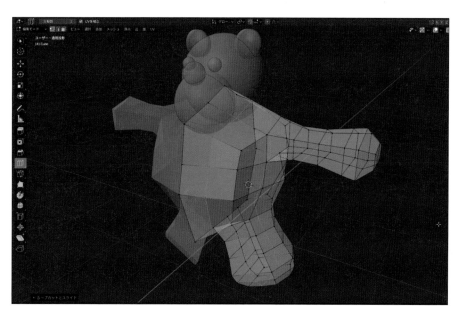

　テンキーの「3」を押して、ビューをライトに切り替えて、横のフォルムを調整します。

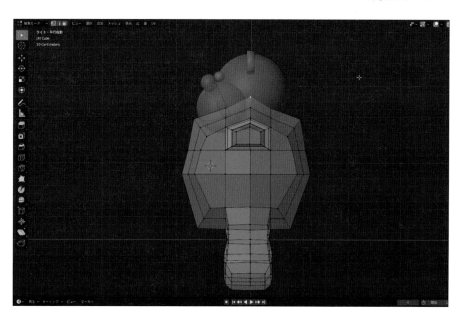

横から見ると太すぎるので、ボックス選択で頂点を選択し、[移動] ツールを使って輪郭を
整えていきます。

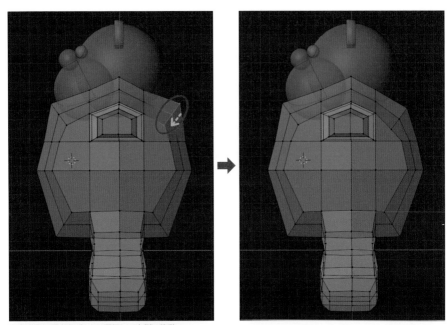

右上の角の頂点をボックス選択して内側に移動

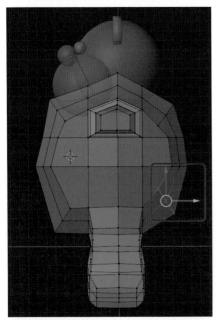

右下の角の頂点をボックス選択して、少し上に移動

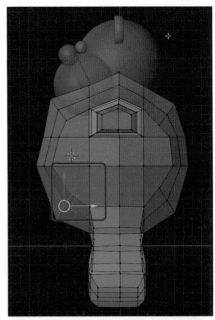

同じように左下の頂点もボックス選択して少し上に移動

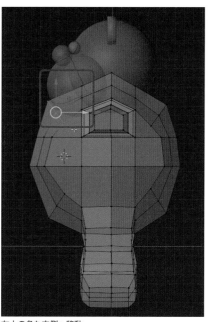

左上の角も内側へ移動

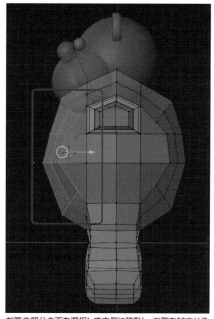

お腹の部分の面を選択して内側に移動し、お腹を凹ませる

　肩の部分も頂点を移動して平らにしていきます。

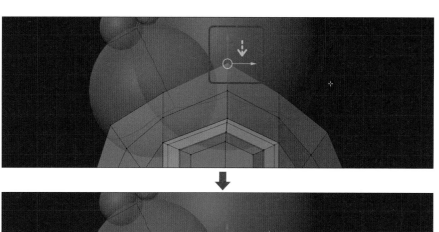

肩の頂点をボックス選択して下に移動する

ついでに腕の形も修正します。

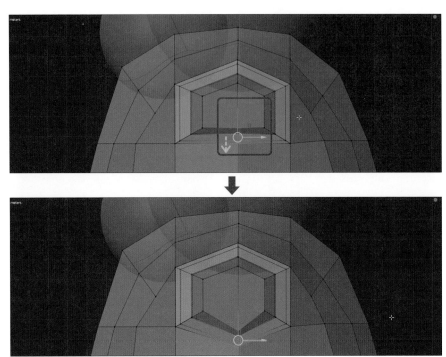

腕の底部の中央の頂点をボックス選択して下に移動する

前から見ると、このような形状になりました。

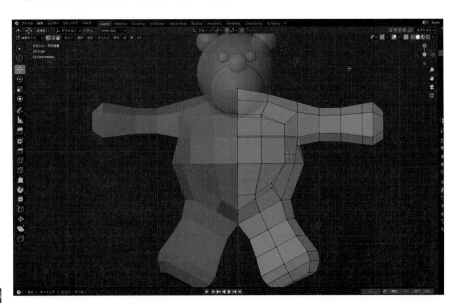

STEP 09 サブディビジョンサーフェスで丸みを付ける

形が整ってきたら、[サブディビジョンサーフェス] モディファイアーで丸みを付けます。作成しているボディのモデルを [オブジェクトモード] に戻します（右図）。

ボディのオブジェクトを選択した状態で、[プロパティ] エディターの [モディファイアープロパティ] 🔧 をクリックして、[モディファイアーを追加] から [生成] → [サブディビジョンサーフェス] を選択します。

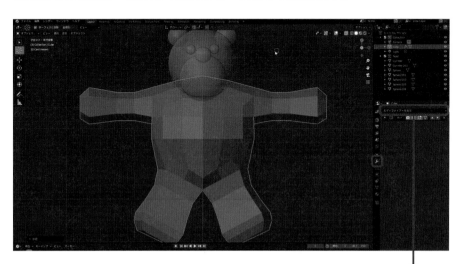

ボディの形状が丸くなりました。

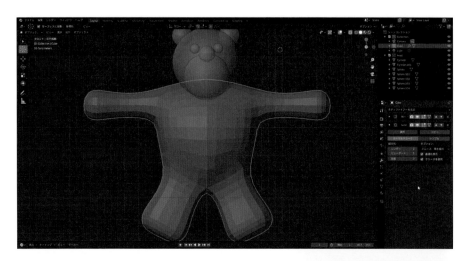

[サブディビジョンサーフェス]モディファイアーでは、[細分化]の値でどれだけ面を細かくして、なめらかな曲面に編集するのかを設定します。[レンダー]（レンダリング時に細分化する）、[ビューポート]（ビューポートで細分化する）で別々に細分化レベルを設定できるので、ビューポートでは値を抑えて処理を軽くし、レンダリングするときは細分化の値を上げることができます。

v2.9 **バージョン2.90の[サブディビジョンサーフェス]モディファイアの変更点**

2.90の[サブディビジョンサーフェス]モディファイアは、プロパティの内容はほとんど変更ありませんが、レイアウトが整理されています。2.83の[細分化]という分類はなくなり、[ビューポートのレベル数]、[レンダー]として表示されています。そのほかのプロパティは、すべて[詳細設定]に分類されたので、[品質]を設定する際には、[詳細設定]を展開してその中にある[品質]のプロパティで調整します。

辺を増やして、
形状にメリハリを付ける

　ビューポートの［オブジェクト］→［スムーズシェード］を選択して、表示をスムーズシェードに切り替えてみると、腕と胴体、脚と胴体の付け根の形状にメリハリがなくなってしまっているので、辺を加えてメリハリを出します。スムーズシェードに変更したら、編集モードに戻します。

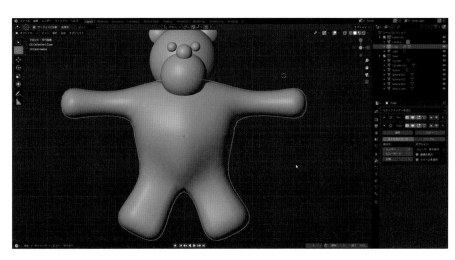

　頭部のモデルが邪魔なので、一時的に非表示にします。頭部のパーツはコレクションにまとめているので、アウトライナーで「head」と名前の付いたコレクションを非表示にします。「head」右端の👁をクリックすると非表示🚫になります。

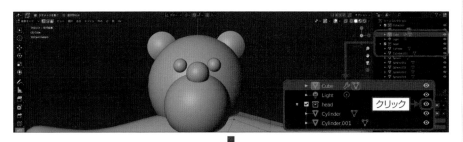

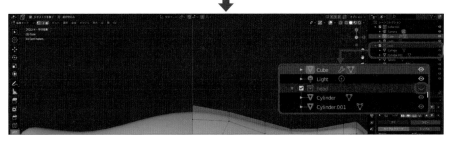

部分的に辺を追加するには、[ナイフ] ツールを使って必要な位置に辺を作成していきます。曲面にメリハリを付けたい位置に辺を作成していきます。[ナイフ] ツールを使用するときは、頂点または辺の上でクリックしながら辺を作成していきます。

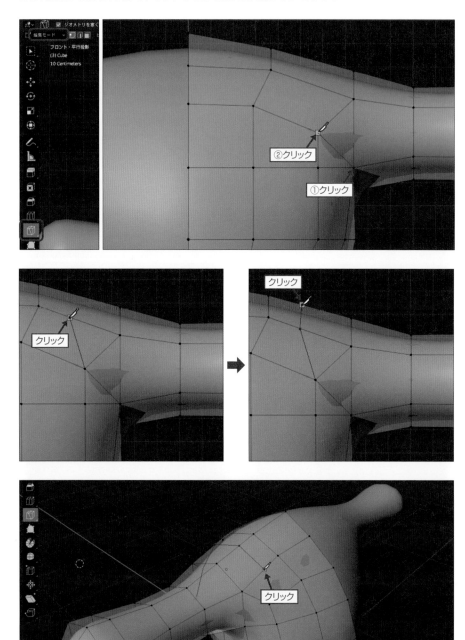

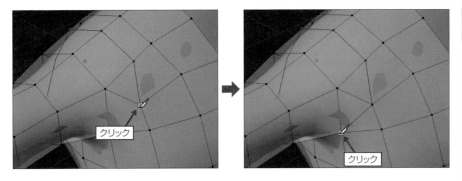

クリック

クリック

[ナイフ] ツールを終了するには、Enterキーを押します。
次に、作成した辺を選択します。

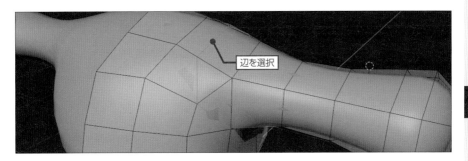

辺を選択

　ビューポートの [辺] をクリックして、[オフセット辺スライド] を選択します🅐。マウスを動
かすと選択した辺の両側に新しい辺が作成されます🅑。
　オフセットの辺が表示されたところでクリックすると、[オフセット辺スライド] のオペレー
ターパネルが表示されるので、[終点をつなぐ] と [均一] にチェックを入れます🅒。[均一]
にチェックを入れると、選択されていた辺から一定の距離を保ってオフセットの辺が作成さ
れます。オフセットの辺が作成される距離は [係数] の値で設定できます。

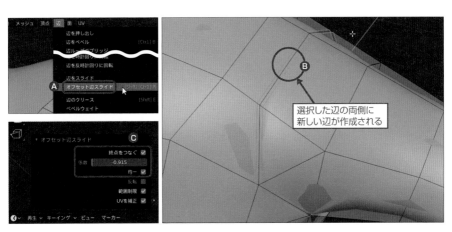

選択した辺の両側に
新しい辺が作成される

設定が終わったら、ビューポート内をクリックして確定します。すると、図のように選択した辺の両側に辺が作成されました。

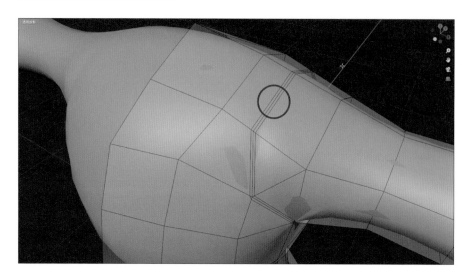

　ビューをフロントに切り替えて、ミラーで作成されている画面左側を見ると、オフセットで辺を作成されたところに折り目が付いているのがわかります。このように曲面が変化する部分にメリハリを付けたり、折り目を付けたい場合は辺をオフセットして作成し、間隔が狭い辺の流れを作成していきます。

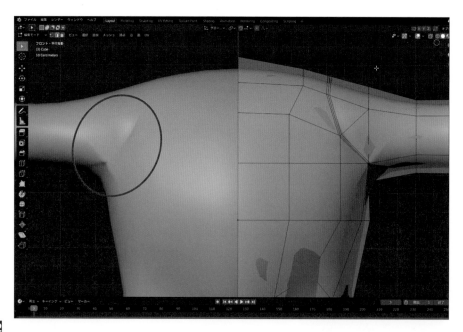

最後に、お腹や脚などの丸みを調整して形を整えていきましょう。腕の付け根の部分と同じように脚の付け根部分も辺を増やしてメリハリを付けていきます。まずは、脚の付け根部分の辺を選択していきます。

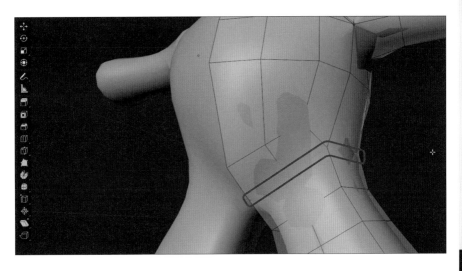

辺に関するコマンドは、辺を選択した状態で、右クリックでコンテキストメニューを表示し、そこから選択することもできます。[オフセット辺スライド] もこのコンテキストメニューで選択できます。

マウスをドラッグするか、左下に表示されるオペレーターパネルの [係数] の値を調整すると、選択した辺の両側に辺が作成されます。

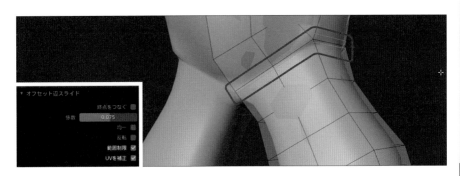

テンキーの「3」を押してビューをライトに切り替えると、お腹の形があまりよくないので、胸部分の頂点を選択して右に移動して凹ませます。

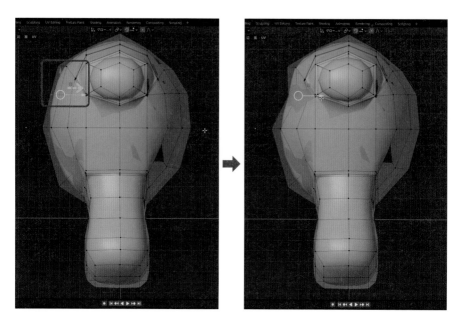

下腹の部分は逆に外側に頂点を移動させます。

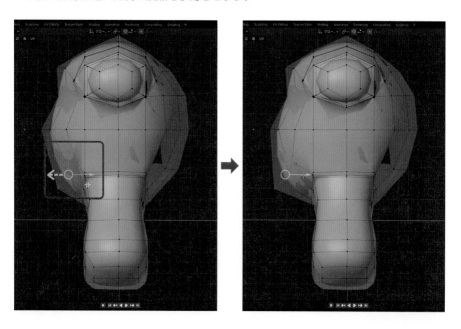

ビューを4画面に切り替えるとこのような形になりました。これでクマのボディは完成です。

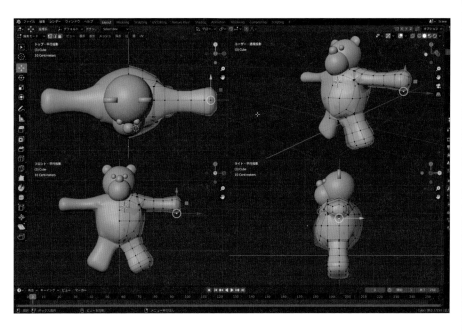

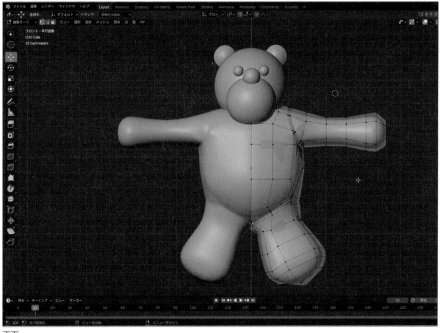

正面

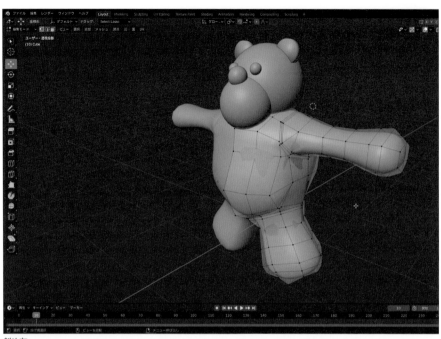

斜め左

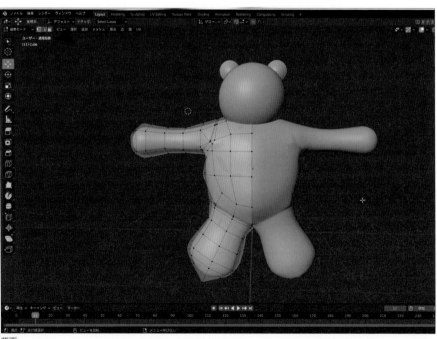

背面

03

モデリングの
便利な機能

2章ではオブジェクトを編集して形を作る基本を
学びました。本章では、2章では使用しなかった
メッシュの加工、カーブを使ったモデリングの方法
などを解説します。

01
空いてしまった穴をふさぐ方法

ここでは、モデリング作業の途中で面がなくなってしまったり、バラバラ
になった複数の頂点を1つにまとめる方法を紹介します。

STEP
01 **ブリッジを
使用する**

　対面する辺の間を面でふさぐには、ブリッジを使用します。間に面を作成したい辺を2つ
選択します。

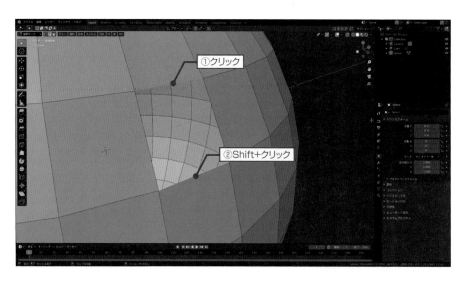

ビューポートの［辺］をクリックして、［辺ループのブリッジ］を選択します。

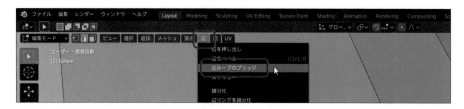

選択した辺と辺の間に面が作成されました。

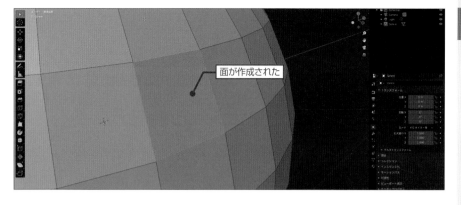

面が作成された

［辺ループのブリッジ］は図のような複数の辺同士の間にも面を作成することができます。

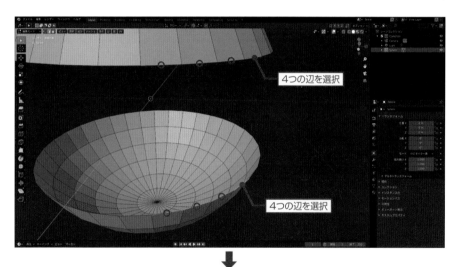

4つの辺を選択

4つの辺を選択

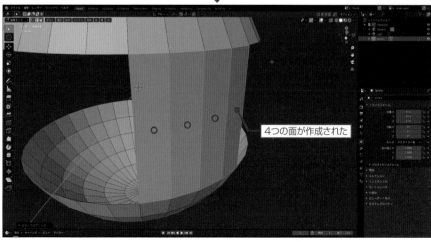

4つの面が作成された

［辺ループのブリッジ］を実行すると表示されるオペレーターパネルでは、分割数を設定することができます。

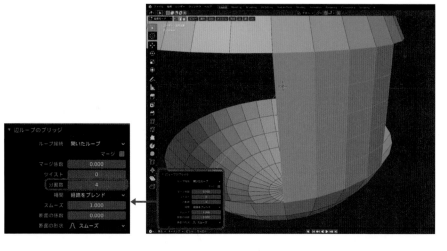

［補間］の方法を変更すると、作成された面の角度を設定することができます。

［リニア］は、辺と辺を直線的に接続し、間に作成される辺も均等に生成されます。

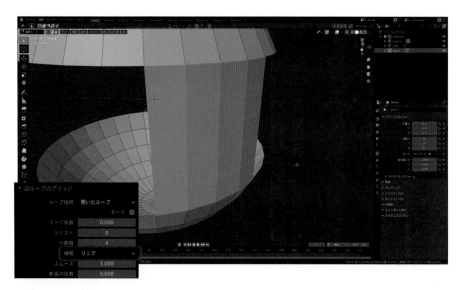

［経路をブレンド］は、［スムーズ］の設定値に応じて、曲線的に面を作成して接続します。選択されている辺の位置がずれているような場合に使用すると便利です。

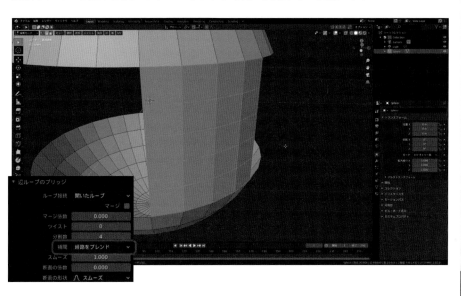

［表面をブレンド］は、曲面の端にあるような辺を選択しているような場合に、ブリッジで生成された面も曲面として生成されます。

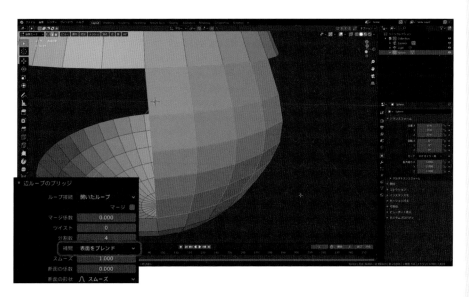

辺から面を作成して 穴をふさぐ

辺を押し出して面を作成し、頂点を結合して穴をふさぐこともできます。
まず、辺を選択します。

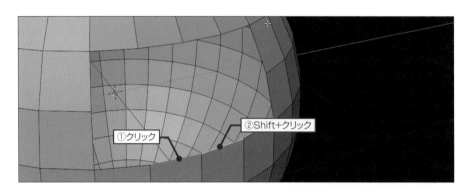

辺が選択された状態でEキーを押してマウスを動かすと、辺が押し出され、面が作成されるので、クリックして確定します。

選択を[頂点選択]に切り替えて、作成された面の頂点と、結合したい頂点を選択します。選択した順番で結合される位置が変わってきます。ここでは、下の頂点、上の頂点の順番で選択しました。

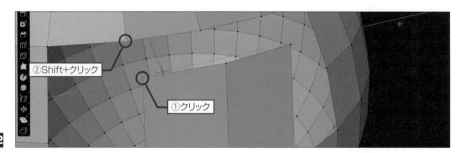

　右クリックして表示されたメニューの［頂点をマージ］から、［最後に選択した頂点に］を選択します。［頂点をマージ］にはこの他にも［最初に選択した頂点に］［中心に］など、いくつかのオプションがあります。マージしたい位置を合わせて選択します。

　2つの頂点が、最後に選択された頂点の位置に結合され1つになりました。

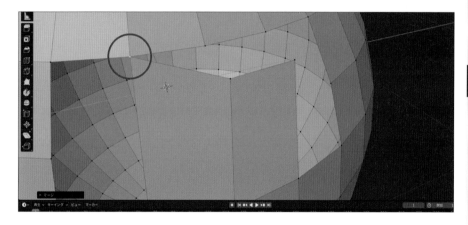

　押し出した面の頂点を結合していくことで、穴をふさいでいくことができます。

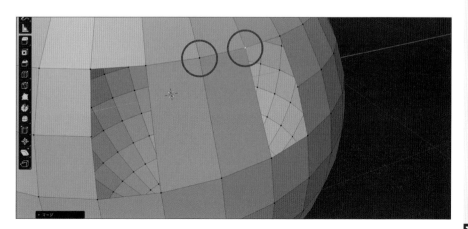

02
面に凹みを作る

面に凹みを作成する方法もいくつか用意されています。平面のオブジェクトを使って凹みを作成してみます。

STEP 01 面を差し込んで 凹みを作成する

最初の凹みの作成方法として、面の中に新たに面を作成して、その面を利用して凹みを作成してみます。面の中に新たな面を作成することを「面を差し込む」と言います。

まず、ビューポートの［追加］→［メッシュ］→［平面］（バージョン2.90では［Plane］）で平面オブジェクトを作成します。平面オブジェクトを選択し、［編集モード］に切り替えて［面選択］で凹みを作りたい面を選択します。

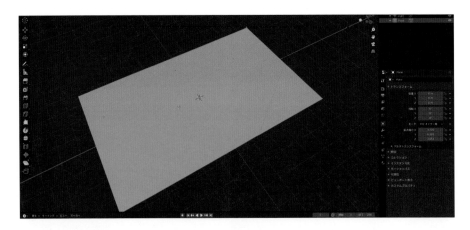

面を選択したら、右クリックして［面を差し込む］を選択します。

マウスを動かすと面の内側に新たな面が作成されます。

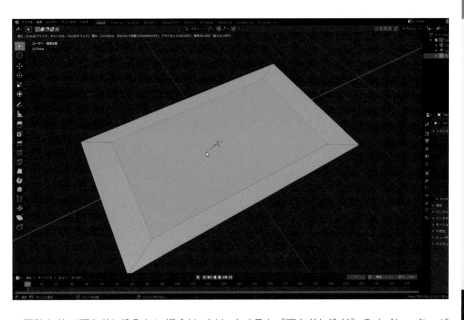

正確な値で面を差し込みたい場合は、クリックすると[面を差し込む]のオペレーターパネルが表示されるので、[幅]に値を入力してEnterキーを押します。

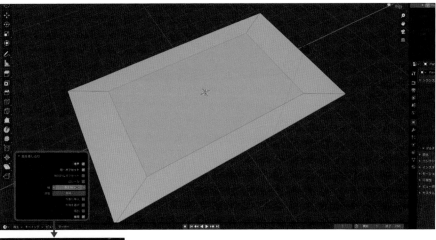

凹みを作成するには、面を差し込んで作成した面を選択して、Eキーを押してマウスを動かして押し込み、クリックします。

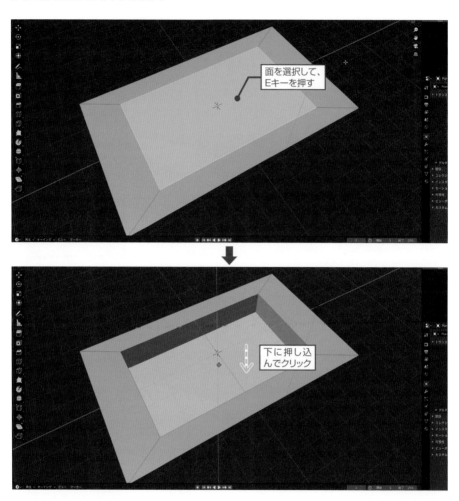

表示される [領域を押し出して移動] のオペレーターパネルの [移動Z] に値を入力しても深さを調整することができます。

STEP 02 ブーリアンで 凹みを作成する

　次に［ブーリアン］モディファイアーを使って凹みを作る方法を紹介します。ブーリアンは、重なった複数のオブジェクトの形状を足したり引いたりしながら形状を作成する方法です。凹みを作成するには、図のように凹みを付けたいオブジェクトに、凹みの形状に作成したオブジェクトを重ね合わせます。

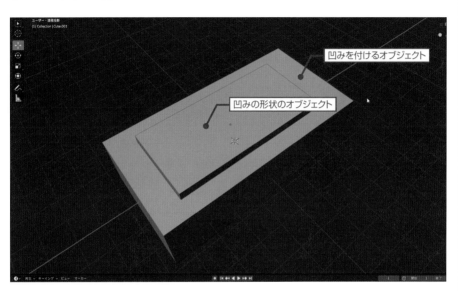

凹みを付けるオブジェクト

凹みの形状のオブジェクト

　まず、凹みを作りたいオブジェクトを選択します。

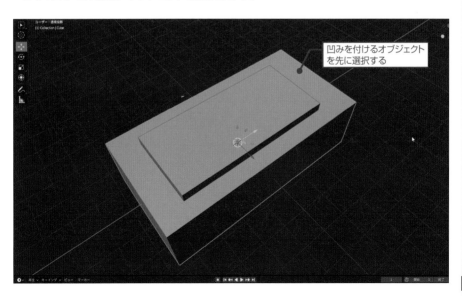

凹みを付けるオブジェクトを先に選択する

［プロパティ］エディターの［モディファイアープロパティ］🔧をクリックして表示し、［モディファイアーを追加］から［生成］→［ブーリアン］を選択します。

　［ブーリアン］モディファイアーは、［オブジェクト］で選択したオブジェクトの形状を使って［演算］で設定した演算結果を形状として得ることができます。ここでは、［ブーリアン］を適用したオブジェクトを、これから選択するオブジェクトでくり抜きたいので、［演算］を「差分」に設定し、［オブジェクト］のスポイトツール🗘️で、くり抜くために使用するオブジェクトをクリックして選択します。

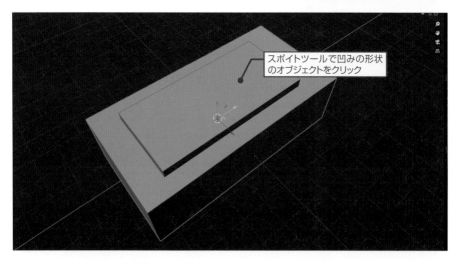

スポイトツールで凹みの形状のオブジェクトをクリック

　［ブーリアン］でオブジェクトを選択した直後では、何の変化もないように見えますが、アウトライナーでくり抜くために選択したオブジェクトを非表示にすると、元のオブジェクトがくり抜かれているのがわかります。

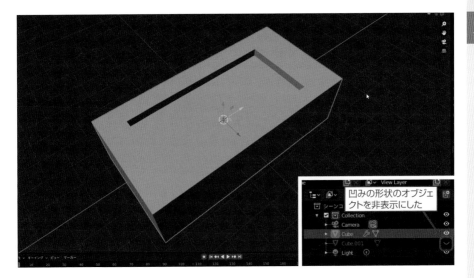

凹みの形状のオブジェクトを非表示にした

図のようにさらに追加したオブジェクトでブーリアンしたい場合は、追加したオブジェクトごとに［モディファイアを追加］から［ブーリアン］を選択して適用し、［オブジェクト］のスポイトツール🖌を使って、2つ目のオブジェクトをクリックします。

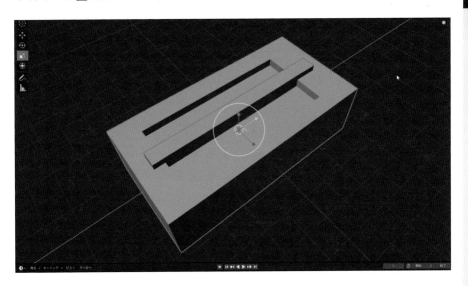

アウトライナーで2つ目の［ブーリアン］モディファイアーで選択したオブジェクトを非表示にすると、追加したオブジェクトでさらにくり抜かれているのがわかります。

なお、［ブーリアン］モディファイアーで加工したオブジェクトを、［編集モード］で編集する場合は、それぞれのモディファイアーにある［適用］をクリックします。

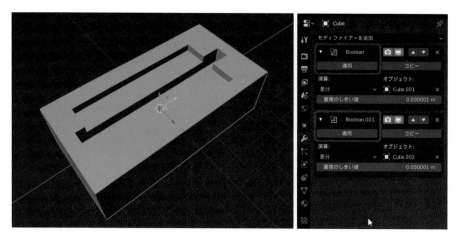

［編集モード］に切り替えると頂点や面を選択して編集することができるようになります。

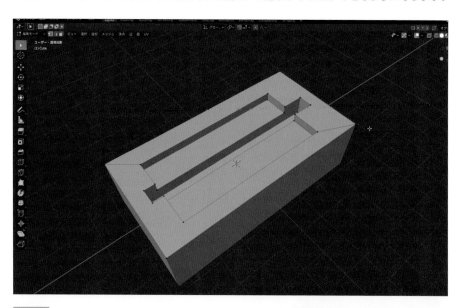

バージョン2.90でのモディファイア適用方法の変更点

バージョン2.90では、オブジェクトに追加したモディファイアーの適用の仕方が変更されています。2.83では、［適用］や［コピー］はボタンとして表示されていましたが、2.90ではオプションメニューとしてまとめられています。［適用］を実行するには、モディファイアー名が書かれている右側のオプション表示のアイコン▽をクリックして、表示されるオプションから［適用］を選択します。

03
選択した面をオブジェクト化する

選択した面を新たなオブジェクトとして利用することもできます。造形
したキャラクターの一部を複製して衣服を作ったり、曲面に合わせてほ
かのパーツを作成しなくてはならないような場合に便利な手法です。

ここでは、2章で作成したキャラクターのズボンを元のキャラクターのモデルから作成
してみます。

●サンプルデータ：Ch03-03.blend、Ch03-03-finished.blend

STEP 01 オブジェクト化したい 面を選択する

2章で作成したキャラクターを保存したファイルを開き、ビューポートに表示して、キャ
ラクターのオブジェクトを選択し、キャラクターのモデルに適用されている各モディファイ
アーの［適用］をクリックして、面を編集できるようにします。

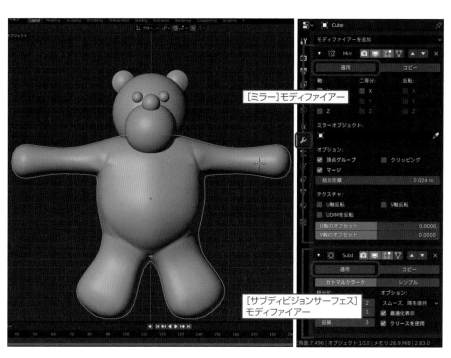

ボディのオブジェクトが選択されている状態で、[編集モード] にします。

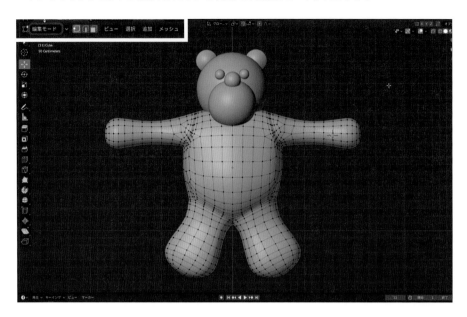

クマのズボンにしたい部分の面を [面選択] にして選択します。今回オーバーオールのようなズボンにしたかったので、ベルトの部分も選択しました。ズボンの部分は後ろ側の面も選択しておきます。

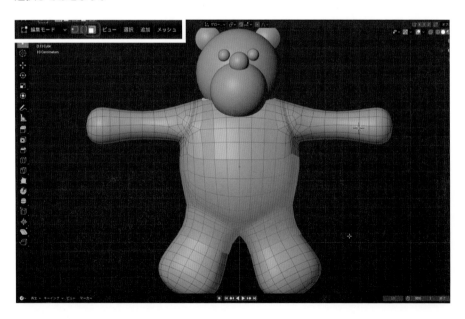

選択した面を複製し
オブジェクト化する

選択できたら、Shift+Dキーを押して選択した部分を複製します。わかりやすいように Shift+Dキーを押してからマウスを動かし、複製された面を横に移動しておきます。

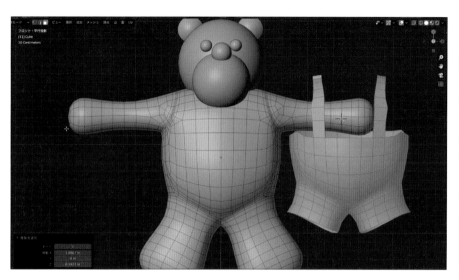

面を複製しただけでは、1つのオブジェクトの中で複製されているだけなので、複製した面を別のオブジェクトとして分離します。複製した面を選択した状態で、右クリックしてメニューの [分離] → [選択] を選択します。

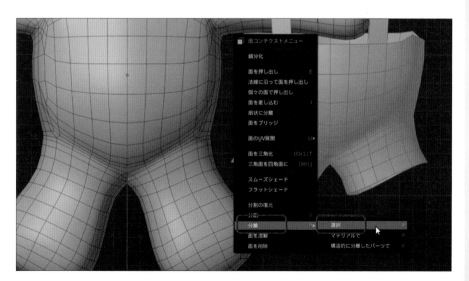

選択していたボディのオブジェクトを［オブジェクトモード］に戻すと、複製した面をオブジェクトとして選択することができます。

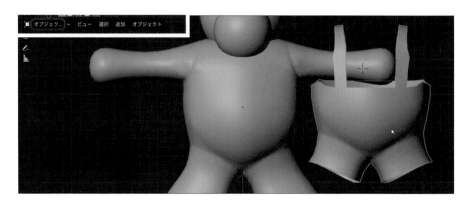

複製されたオブジェクトの原点は、元のボディの原点になっているので、複製したオブジェクトの中心に移動します。複製したオブジェクトを選択し、右クリックして表示されるメニューから［原点を設定］→［原点をジオメトリへ］を選択します。

原点がオブジェクトの中心に移動したら、［移動］ツールを使って、ボディと重なるように移動します。

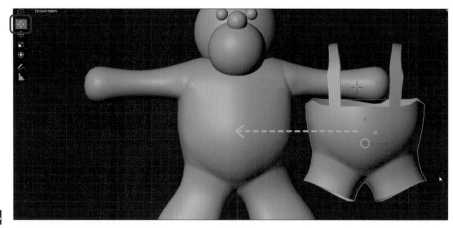

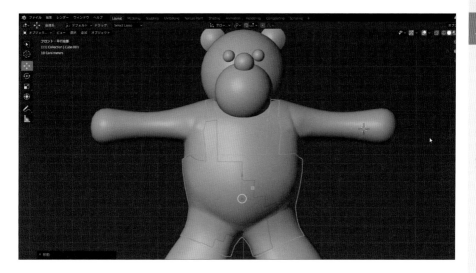

　複製したオブジェクトには名前を付けておきます。ここではわかりやすいように「pants」
としました。

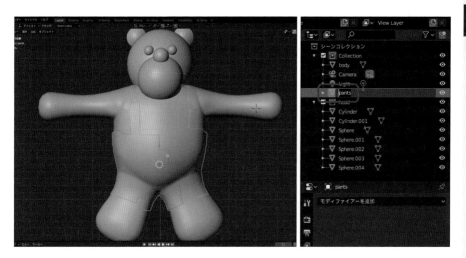

分離したオブジェクトを
修正する

　分離したオブジェクトは、面のトポロジー（辺や面の流れ）があまりきれいではないので修正していきます。まず、Pantsのオブジェクト以外を非表示にしておきます。

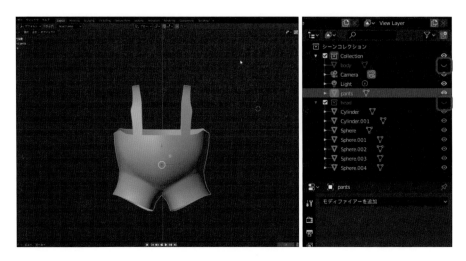

　［編集モード］に切り替えて修正していきます。頂点の並びが乱れてしまっている部分を選択して真っ直ぐ整えていきます。真っ直ぐにしたいときには、揃えたい頂点を選択して、Sキー＋揃えたい座標軸＋0キーを押します。図では肩ベルトの外側の頂点を選択して、S＋X＋0キーを押して真っ直ぐに修正しました。

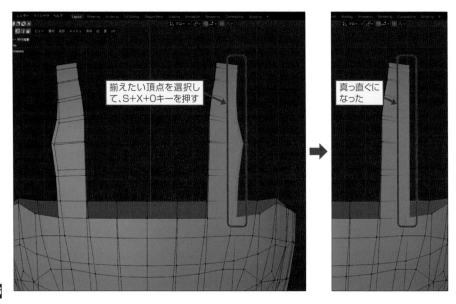

揃えたい頂点を選択して、S+X+0キーを押す

真っ直ぐになった

同じ手順で、気になるところを真っ直ぐに修正しました。

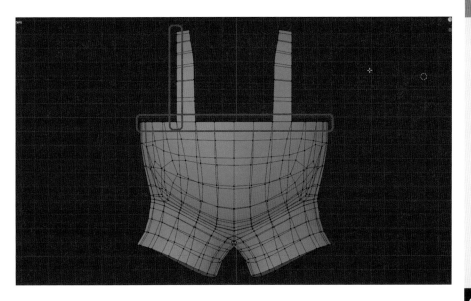

　分離したオブジェクトは元のオブジェクトと同じ大きさになっているので、元のオブジェクトと合わせるとこのように埋まってしまいます。ここから［ソリッド化］モディファイアーを使って厚みを付けていきます。

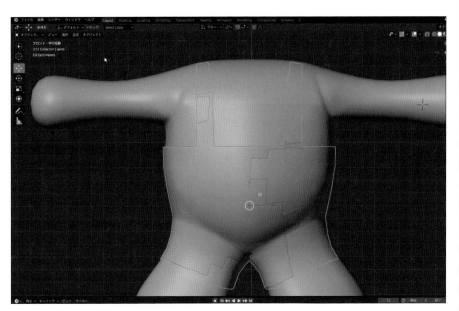

分離したオブジェクトを選択し、[プロパティ] エディターの [モディファイアープロパティ] で、[モディファイアーを追加] のメニューから [生成] → [ソリッド化] を選択します。

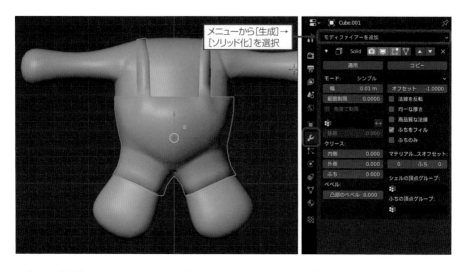

[ソリッド化] モディファイアーが適用されると、選択したオブジェクトに厚みが付きます。
　厚みの設定は [幅] で設定します。[均一の厚さ] にチェックを入れておくと、どのような場所でも面からの距離が均等に厚みを形成します。

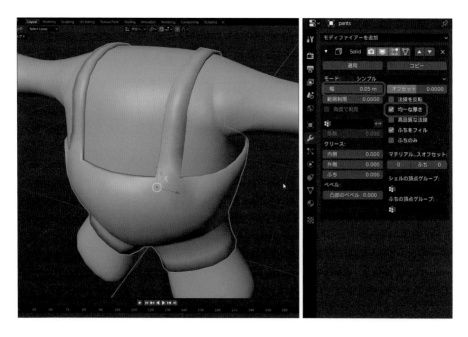

厚みが付いたら、[ソリッド化] モディファイアーの [適用] をクリックして、[編集モード]
で細かい形状の調整をして完成です。

04
カーブを使って回転体を作成する

ここまではプリミティブのオブジェクトを編集してモデリングしてきましたが、Blenderではモデリングにカーブを使用することもできます。

ここでは、カーブを使って、コップや帽子のように切り口の形状を回転させて作成できるモデルの作成方法を紹介します。

STEP 01 カーブを作成する

カーブを作成するには、ビューポートの［追加］をクリックして［カーブ］から必要なカーブを選択します。

カーブには、［ベジェ］［円］［NURBSカーブ］［NURBS円］［パス］が用意されています。それぞれ編集の方法が異なっているので、自分が作成したいカーブに合わせて選択します。

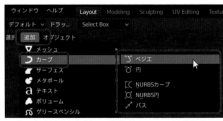

※バージョン2.90の［カーブ］サブメニューには英語表記が一部残っている（→P.154「バージョン2.90のカーブ」）

ここでは、一番操作がわかりやすい［ベジェ］（バージョン2.90では［Bezier］）を使って形状を作成していきます。［カーブ］→［ベジェ］を選択すると、カーブが1本XY平面上に作成されます。

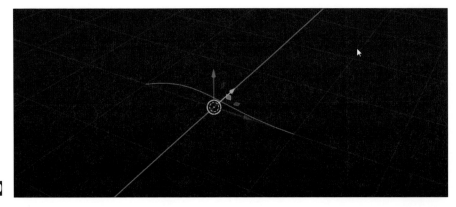

作成されたカーブの形状を編集するには、メッシュと同様に［編集モード］に切り替えます。
［編集モード］に切り替えると、カーブの表示が変化し、始点と終点のハンドルを操作して形
状を編集できるようになります。カーブに表示される山型の線はカーブの方向を表していま
す。山型の線の尖っている方向にある制御点が終点、逆側が始点です。

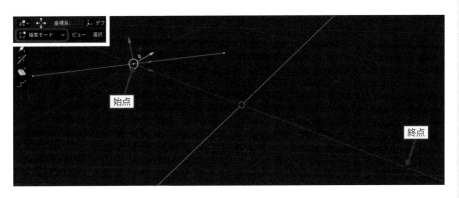

STEP
02

**カーブを
編集する**

　編集しやすいようにビューをトップビューに切り替えます。

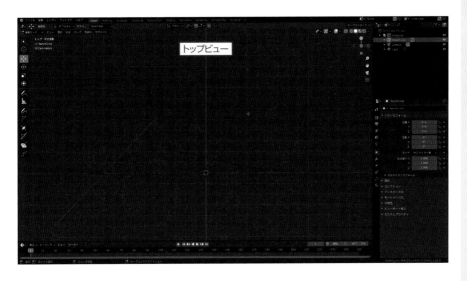

カーブは制御点とハンドル、2つの制御点を結ぶセグメントによって構成されています。

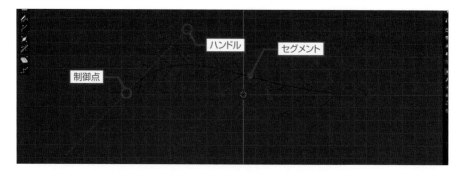

制御点は選択して［移動］ツールで位置を変更することができます。

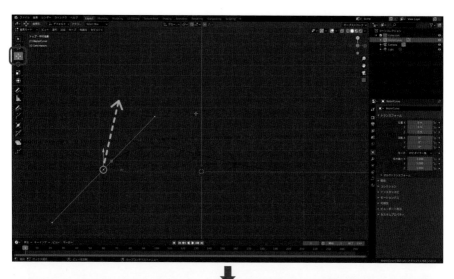

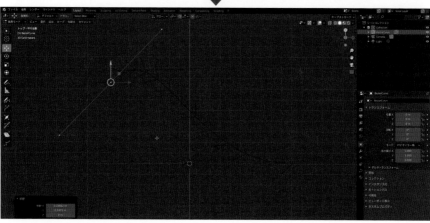

ハンドルを移動すると、カーブの方向を変更することができます。

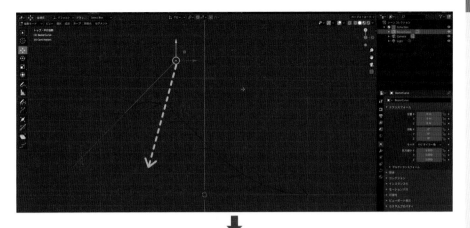

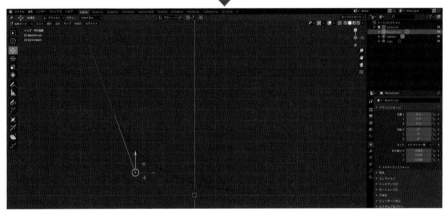

　カーブを延長するには、制御点を選択してEキーを押します。Eキーを押すと追加された制御点がマウスに追従するので、制御点を配置したい位置でクリックします。

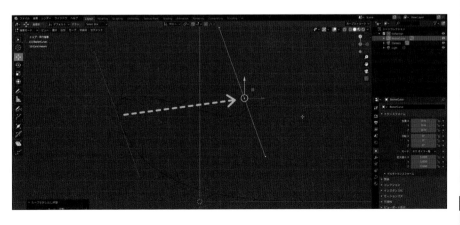

V2.9 バージョン2.90のカーブ

バージョン2.90のカーブは、編集方法は2.83と同様ですが、[追加] → [カーブ] のカーブ名に一部英語が残っています。[Bezier] は [ベジェ]、[Nurbs Curve] は [NURBSカーブ]、[Nurbs Circle] は [NURBS円]、[Path] は [パス] です。

また、追加したカーブを [編集モード] にすると、カーブの方向を示す山型の線がデフォルトでは表示されない状態になっています。

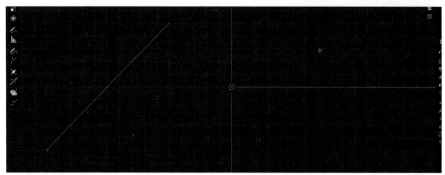

ベジェを追加して、[編集モード] に切り替えると、カーブに矢印が表示されないのでカーブの方向がわかりにくい

山型の線を表示するには、ビューポートの [Viewport Overlay] をクリックして、[カーブ編集モード] にある [ノーマル] にチェックを入れます。[ノーマル] の値を大きくしていくと、線の長さを変更できるので作業しやすい大きさに設定するとよいでしょう。

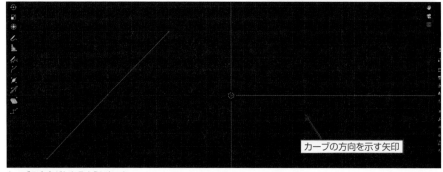

カーブの方向を示す矢印

カーブの方向がわかるようになった

さまざまな
カーブ形状

カーブにはベジェのほかに、さまざまな
カーブの形状が用意されています。それ
ぞれに特徴があるので、作成したい形状
に合わせて選択します。

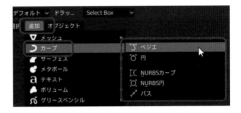

▶ [円]

円は閉じたカーブで作成されている、円形のカーブです。作成した円を選択して［編集
モード］に切り替えると、4つの制御点で構成されています。

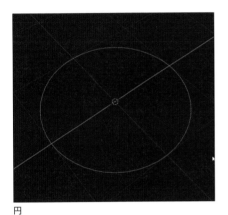

円

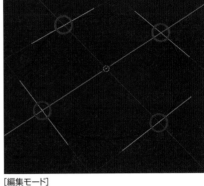

［編集モード］

これらの制御点を編集することで変形できるので、閉じたカーブの形状も簡単に作成で
きます。

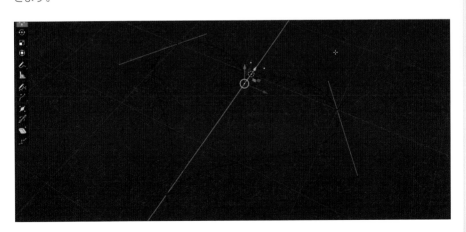

▶ [NURBSカーブ]([Nurbs Curve])

　NURBSカーブを追加すると、短いカーブが作成されます。追加されたNURBSカーブを
[編集モード]にすると、4つの制御点が表示されます。NURBSカーブはこの制御点同士
の距離や位置関係でカーブを定義していきます。

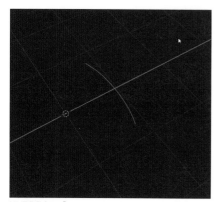

NURBSカーブ

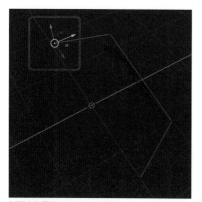

[編集モード]

　作成されるNURBSカーブは非常に短いので、延長する必要があります。NURBSカー
ブを延長するには、カーブの始点もしくは終点の制御点を選択して、Eキーを押してマウス
を動かし、長さが決まったところでクリックして確定します。

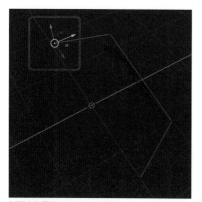

制御点を選択してEキーを押す

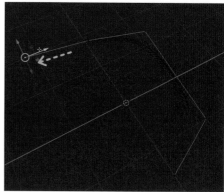

クリックして確定

NURBSカーブは4つの制御点の相互の位置関係で曲線が作られるので、Eキーで制御点を作成してカーブを延長したり、途中の制御点を［移動］ツールを使って移動しながら、カーブの形状を編集していきます。

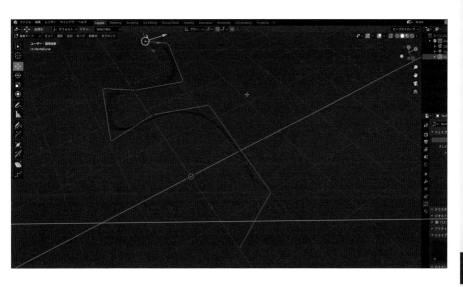

▶ [NURBS円]（[Nurbs Circle]）

NURBS円は、NURBSで構成された円です。ベジェの円と見た目は同じですが、［編集モード］に切り替えると8つの制御点で構成されているのがわかります。

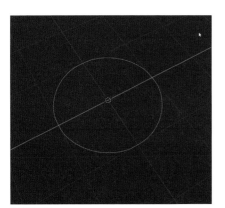

NURBS円

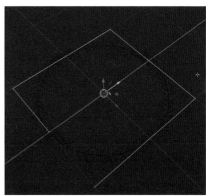

[編集モード]

制御点の位置を変えることで、円の形状を編集することができます。

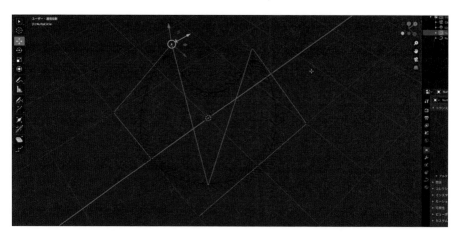

　より複雑な形状にしたい場合は、制御点を増やしていきます。制御点を増やしたい位置の両脇にある制御点を選択し、ビューポートの［セグメント］→［細分化］を選択します。

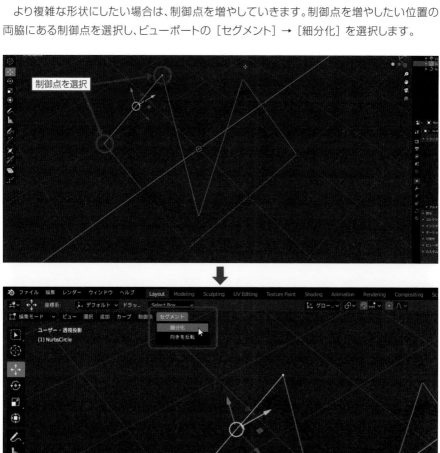

制御点が追加されるので、[移動] ツールで移動してカーブを変形させます。

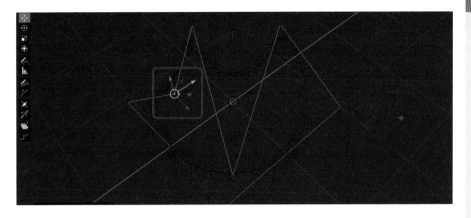

▶ [パス]([Path])

パスはNURBSで構成された直線です。[編集モード] にすると、NURBSの制御点が5つ直線に並んでいます。

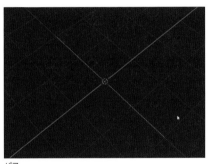

パス

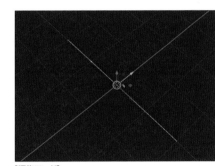

[編集モード]

各制御点を [移動] ツールで移動すると、曲線にすることができます。

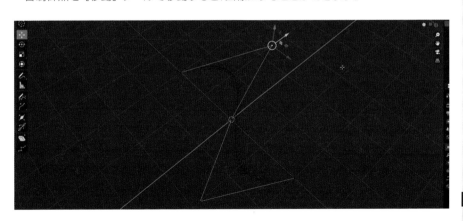

カーブを使って
帽子を作成する

では、カーブを使って帽子を作成してみましょう。まず、帽子の右半分の断面を作成して
いきます。[オブジェクトモード] で [追加] → [カーブ] → [ベジェ] (バージョン2.90では
[Bezier]) を選択してカーブを作成します。ビューは操作しやすいようにトップビューに切
り替えておきます。

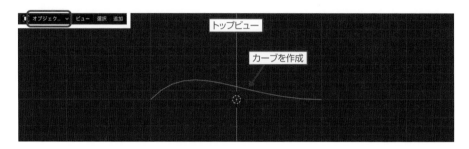

追加されたカーブを選択して [編集モード] に切り替えます。編集点を選択して帽子の頭
頂部の位置に移動します。

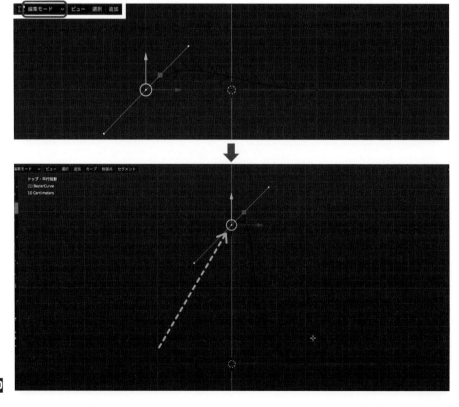

ハンドルを移動して頭頂部の形を整えていきます。

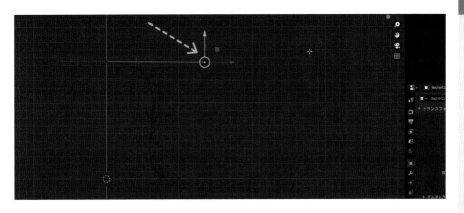

カーブの終点側の制御点を選択してブリム（帽子のつば）の外周の位置まで移動します。

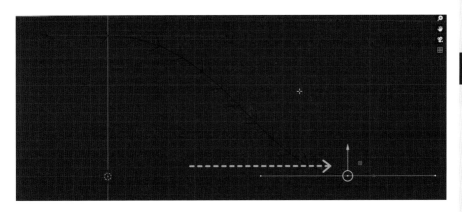

　カーブに制御点を増やしていきます。Shiftキーを押しながら始点と終点の制御点を選択します。

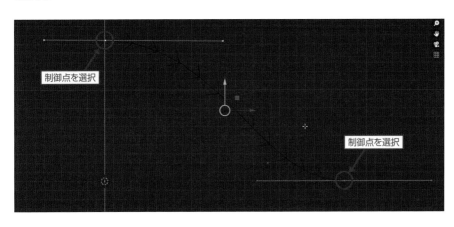

ビューポートの［セグメント］→［細分化］を選択すると、選択した制御点の中間の位置に新たな制御点が作成されます。

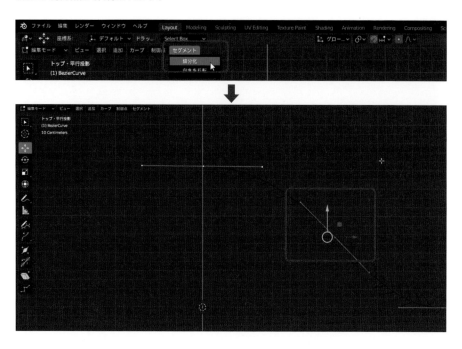

追加された制御点の位置と、ハンドルの位置を調整して、帽子の断面の形に近づけていきます。

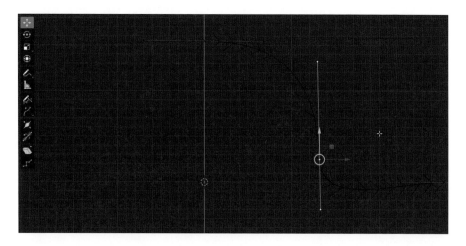

頭頂部とブリムの切り返しの位置にある制御点は、ハンドルの種類を変えることで折り目を作成することができます。種類を変更するには、制御点を選択して右クリックし、［ハンドルタイプ設定］→［ベクトル］を選択します。

ハンドルをベクトルに切り替えると、ハンドルの色が変わり、左と右で別々にハンドルを操作できるようになります。これで制御点の左と右で曲率が違うカーブを作成できます。

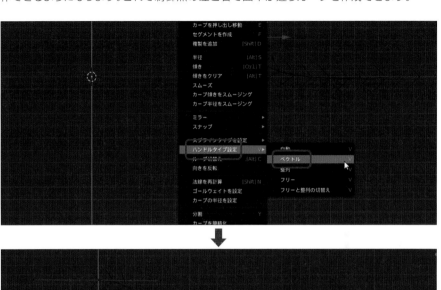

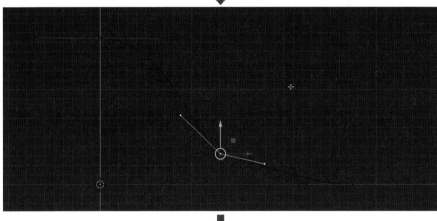

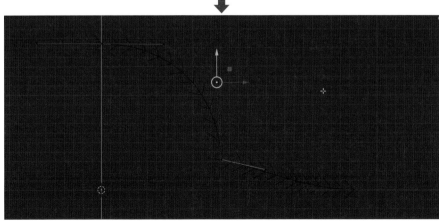

帽子の右半分の断面の形状ができたら、[オブジェクトモード] に戻します。

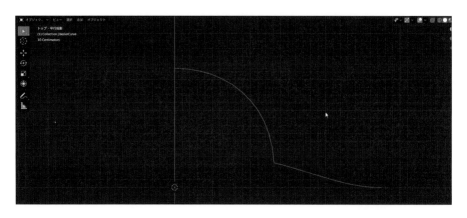

作成したカーブを選択して、[プロパティ] エディターの [モディファイアープロパティ] 🔧
を表示し、[モディファイアーを追加] から [生成] → [スクリュー] を選択します。

[スクリュー] モディファイアーをカーブに適用すると、カーブの原点を軸とした回転体を
作成することができます。座標軸で設定されている軸が違うと、このように思った形状にな
らないので、[座標軸] で軸として使用する座標を選択します。ここでは「Y」を選択します。

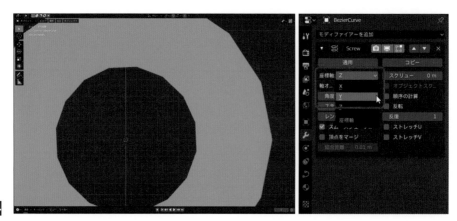

［座標軸］を「Y」に設定すると、図のような帽子の形状になります。

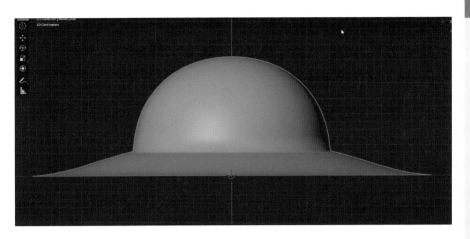

　回転体の分割数が少なくてカクカクしている場合は、［スクリュー］モディファイアーの［ステップ］の値を上げていきます。

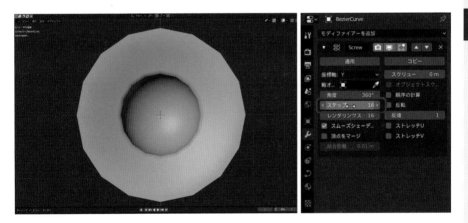

　図は［ステップ］の値を「32」に設定した状態です。かなり円に近くなりました。
　［ステップ］の値を変更したら、［レンダリングステップ］の値も同様に変更するのを忘れないようにします。［ステップ］はビューポートのみに影響する値なので、ビューポートで見えている状態とレンダリングしても同じ状態にしたい場合は［レンダリングステップ］も同じ値にする必要があります。
　逆にレンダリングするときだけ分割数を上げればよい場合は、［ステップ］の値を低く、［レンダリングステップ］の値を大きくしておきます。

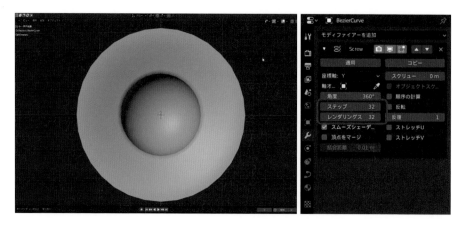

[スクリュー] モディファイアーは、任意の軸を中心に断面が回転してできているような形状を作成することができます。お皿やコップ、ビンなど作成できる形状は工夫次第でたくさんあります。

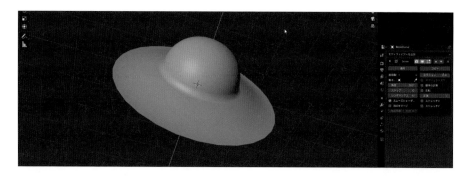

バージョン2.90の [スクリュー] モディファイアの変更点

バージョン2.90では [スクリュー] モディファイアのレイアウトが変更になっています。プロパティ名は2.83とほぼ同じです。面の生成時に、面が反転してしまったときに使用する [反転] のプロパティは [ノーマル] に分類されています。[スムーズシェーディング] も [ノーマル] の中にあります。

05
カーブを使ってチューブを作成する

次にカーブを使って、紐の形状を作成してみます。カーブは、厚みのないラインなので紐状にレンダリングしたい場合は、ベベルや押し出しを使ってメッシュ化する必要があります。

●サンプルデータ：Ch03-03.blend、Ch03-03-finished.blend

STEP 01 紐の形状にカーブを作成する

　帽子のオブジェクトを作成したファイルを開き、ビューポートをフロントビューに切り替えて、帽子のオブジェクトが図のように見えるように回転します。

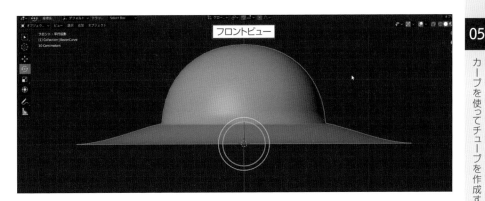

　[追加] → [カーブ] → [ベジェ]（バージョン2.90では[Bezier]）を選択してベジェカーブを作成します。

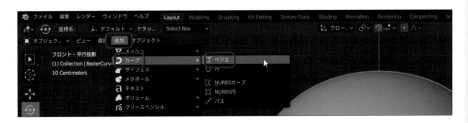

　カーブはXY平面上に作成されてしまうので、カーブを選択した状態で、Rキー（回転）＋Xキー（X軸）＋「90」（回転角度：キーボード本体側の9と0）と押して、Enterキーを押し、X軸を中心に90度回転させます。回転させたら下に移動しておきます。

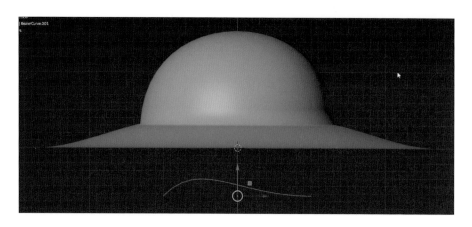

カーブを［編集モード］にします。

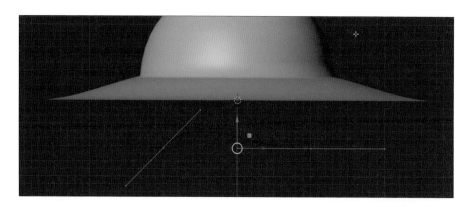

始点と終点の制御点を移動し、ハンドルを動かして図のような形状にカーブを変形します。

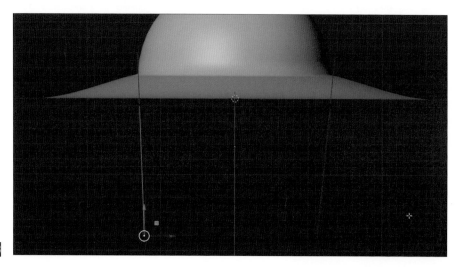

制御点が2つだと形状を調整しにくいので、カーブの中間に制御点を増やします。始点と終点の制御点を選択して、[セグメント] → [細分化] を選択します。

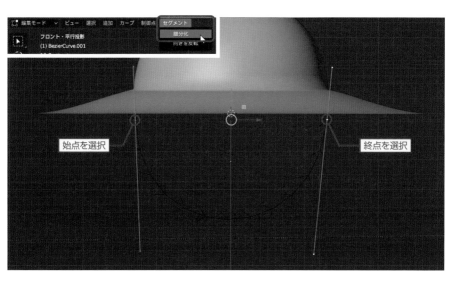

カーブの中間に制御点が作成されました。

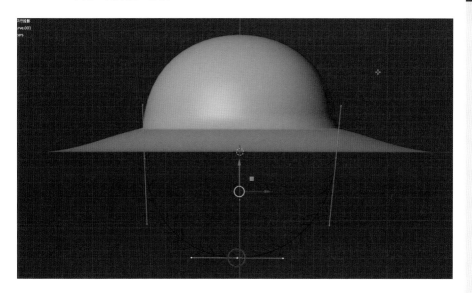

カーブを
立体化する

　カーブが作成できたら、このカーブを紐状に立体化していきます。作成したカーブを［オブジェクトモード］に戻し、［追加］→［カーブ］→［円］を選択し、紐の断面の形状をカーブで作成します。

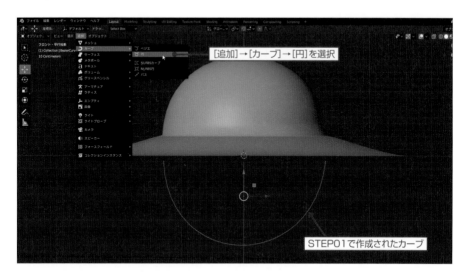

　ビューに円形のカーブが追加されるので、選択してRキー（回転）+Xキー（X軸）+90（回転角度：キーボード本体側の90）を押して回転させます。

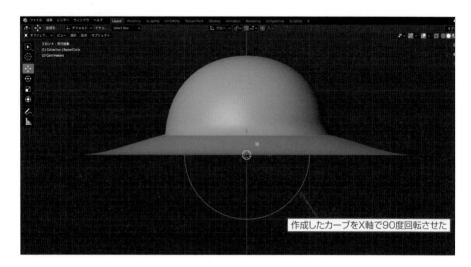

　回転させた円は、[移動] ツールで移動して、[拡大縮小] ツール（バージョン2.90では
[スケール]）を使って紐の断面の大きさにスケールを小さくします。

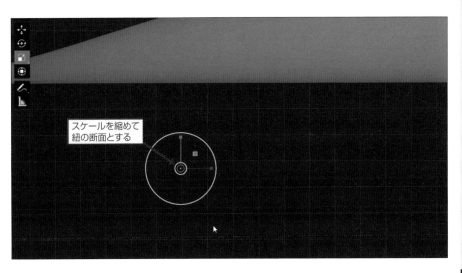

　紐の形状に編集したカーブを選択し、[プロパティ] エディターの [オブジェクトデータプ
ロパティ] をクリックして、[オブジェクトデータ] のプロパティに表示を切り替えます。

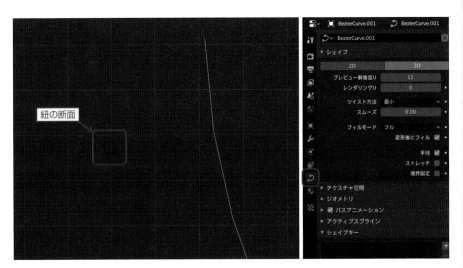

　[オブジェクトデータプロパティ] では、選択されているカーブについてさまざまな設定が
できます。
　先に作成した紐の断面用の円を使って立体化するには、[オブジェクトデータプロパティ]
の [ジオメトリ] → [ベベル] を使用します。

［ベベル］にある［オブジェクト］のスポイトツール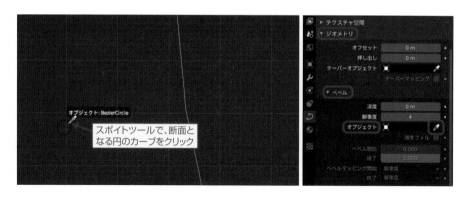で、断面として作成した円のカーブをクリックします。

スポイトツールでクリックした円のカーブが［オブジェクト］に登録されます。すると、図のように紐のカーブが円のカーブを断面とした立体になります。

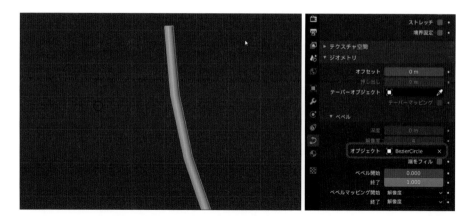

作成されたオブジェクトのなめらかさを調整するには、［シェイプ］にある［プレビュー解像度U］（バージョン2.90では［Resolution Preview］）と［レンダリングU］（バージョン2.90では［Render U］）の値を調整します。値を大きくするとなめらかになっていきます。

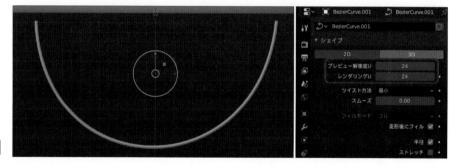

ベベル適用後に、カーブの形状を編集することもできます。カーブを選択して［編集モード］に切り替え、制御点の位置やハンドルの方向を変更することで、紐の形状を調整できます。

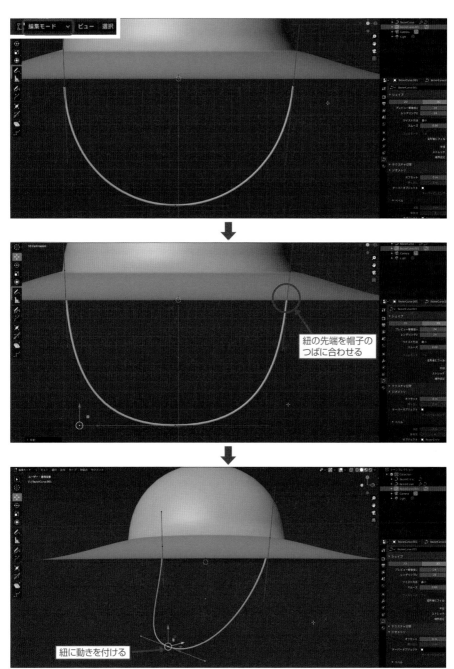

紐の先端を帽子の
つばに合わせる

紐に動きを付ける

06
カーブを使ってリボンを作成する

カーブを使って、帽子の周りに飾りのリボンを作成してみます。リボンの幅は押し出しで表現し、ブリムにかかるリボン先端にはメッシュで切り込みを入れます。

●サンプルデータ：Ch03-06.blend、Ch03-06-finished.blend

STEP 01 リボンの輪郭をカーブで作成する

ビューをトップに切り替えて、帽子をトップから見た状態にします。[追加]→[カーブ]→[円]を選択して、円のカーブを追加し、[拡大縮小]ツール（バージョン2.90では［スケール］）を使って大きさを調整し、帽子のクラウン（頭にかぶる部分）に合わせます。

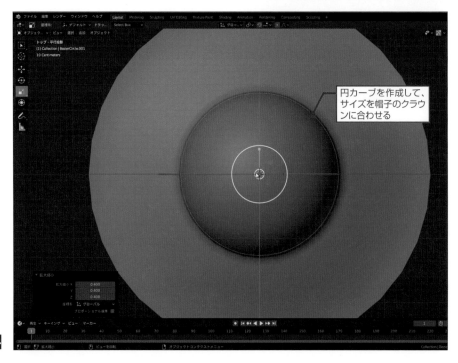

円カーブを作成して、サイズを帽子のクラウンに合わせる

STEP
02 カーブを
押し出す

　ビューを回転させて位置を調整し、[プロパティ] エディターを [オブジェクトデータプロパ
ティ] 🗠 に切り替えます。

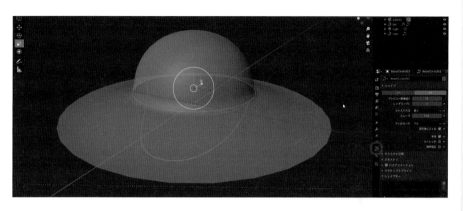

　[オブジェクトデータプロパティ] の [ジオメトリ] を展開し、[押し出し] の値を大きくして
リボンの幅を調整します。

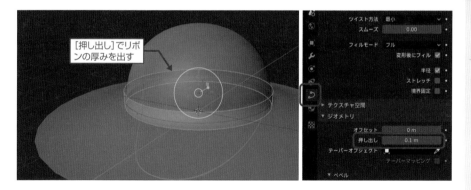

[押し出し]でリボ
ンの厚みを出す

　カーブからリボン状の形状が作成できました。

大きさや幅が決まったら、作成したリボンのオブジェクトを選択して、ビューポートの［オブジェクト］→［変換］→［カーブ／メタ／サーフェス／テキストからメッシュ］を選択してメッシュ化します。

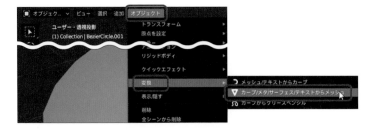

　メッシュ化すると、辺を追加するなど自由に編集することができるようになります。

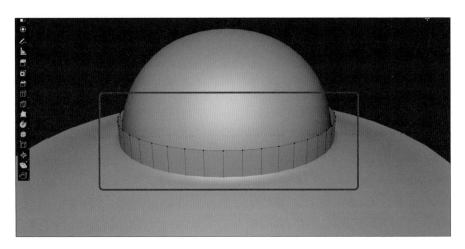

　同じ手法で、ブリムのほうへ流れるリボンも作成しておきましょう。ブリムの上にかかるようにカーブを作成します。

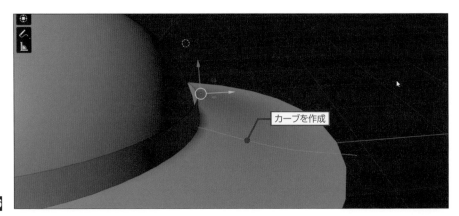

カーブを作成

[カーブ] プロパティの [押し出し] を使って幅を付けます。

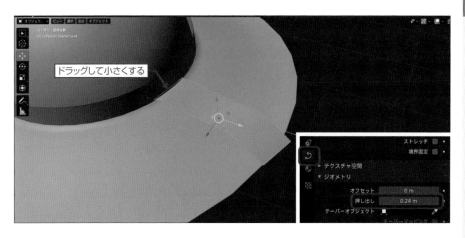

右クリックでコンテキストメニューを表示して [メッシュに変換] を選択します。

切り込みを作りたいので、ループカットで辺を追加します。

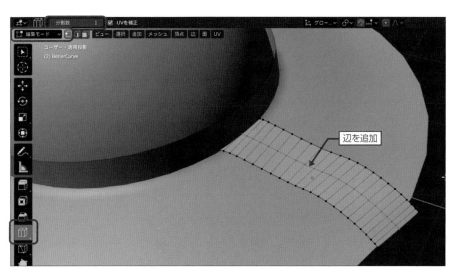

頂点を移動して、切り込みの形状を作成します。

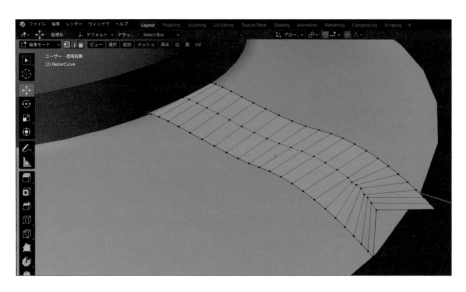

できたリボンのオブジェクトを複製して形状を整えていきます。

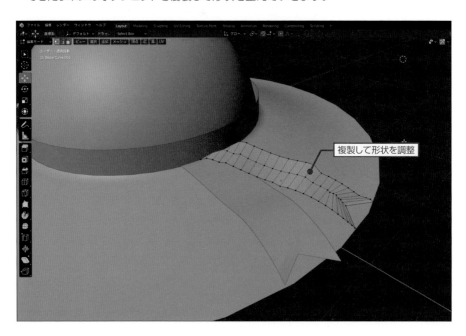

複製して形状を調整

07
作成したオブジェクトを読み込む

ほかのシーンで作成したオブジェクトを、現在作成しているシーンに読み込むことができます。汎用的に使用するオブジェクトは、別のシーンで作成しておくと、さまざまな制作場面で利用することができます。

●サンプルデータ：Ch03-07_kuma.blend、Ch03-07_hat.blend

STEP 01 オブジェクトを1つに結合する

まず、[スクリュー] モディファイアでカーブを回転させて作成した帽子を、メッシュに変換します。それには帽子のオブジェクトを選択し、ビューポートの [オブジェクト] をクリックして、[変換] → [カーブ／メタ／サーフェス／テキストからメッシュ] を選択します。

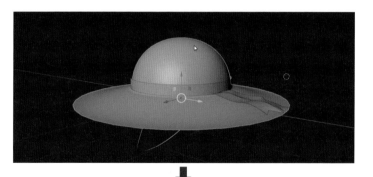

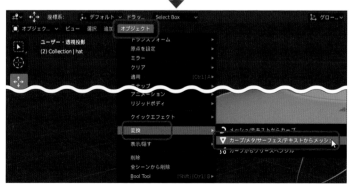

紐の部分などカーブから作成したオブジェクトも、同様にメッシュに変換しておきます。

メッシュに変換できたら、帽子のオブジェクトをボックス選択などですべて選択します。

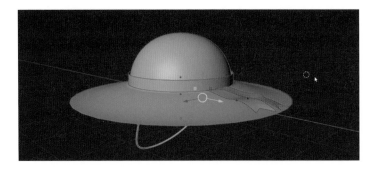

ビューポートの［オブジェクト］→［統合］を選択します。

選択したオブジェクトが1つにまとめられます。

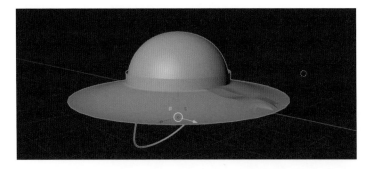

統合したオブジェクトの名前をアウトライナーで変更しておきます（下図では「hat」）。

名前を変更したら［ファイル］メニューから［名前を付けて保存］を選択し保存します。

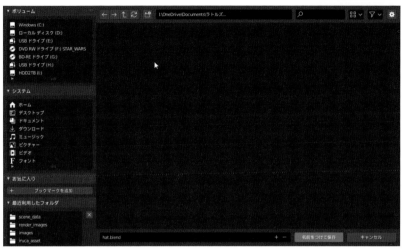

STEP 02 オブジェクトを読み込む

［ファイル］メニューから［開く］を選択します。

まず、保存されているクマのオブジェクトのBlenderファイルを選択して、［開く］をクリックします。

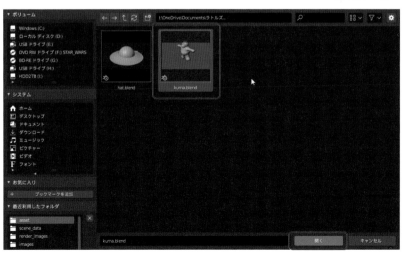

クマのBlenderファイルが表示されたら、[ファイル] メニューから [アペンド] (バージョン2.90では [Append]) を選択します。

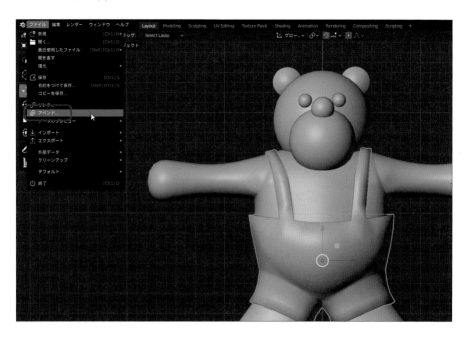

ファイルビューが表示されるので、STEP 01で保存したファイル (ここでは「hat」ファイル) を選択して、[アペンド] をクリックします。

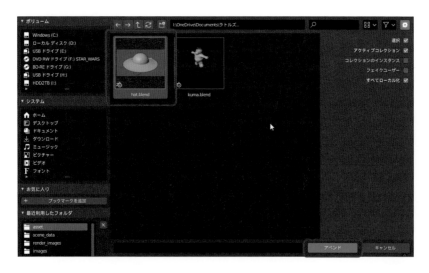

Blenderファイルは、カーブやメッシュ、オブジェクトなど要素に分類されたデータが1つのファイルに圧縮されている状態になっています。[アペンド]を一度クリックすると、ファイルの中の要素にアクセスすることができるようになるので、「object」フォルダを開いて、中に格納されているhatを選択し、もう一度[アペンド]をクリックします。

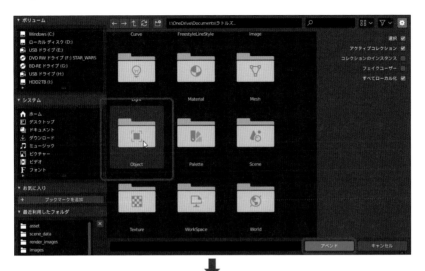

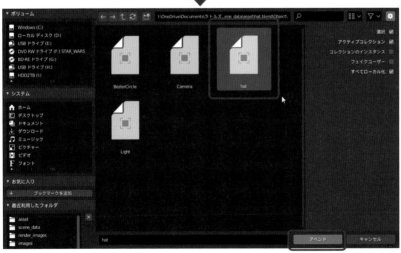

帽子のオブジェクトが追加されました。

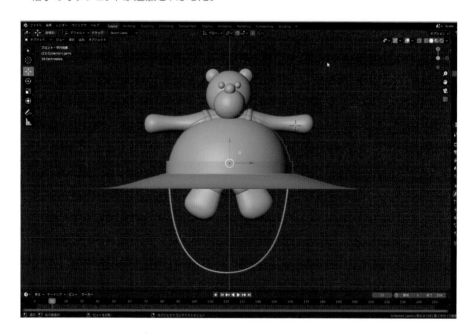

[拡大縮小] ツール (バージョン2.90では [スケール])、[回転] ツール、[移動] ツール
を使って大きさや位置を調整します。

04

質感を
設定しよう

ここまで作成したオブジェクトには
質感が設定されていないので、どのような材質で
できているのかわかりません。ここでは、
オブジェクトに質感を設定する方法を解説します。

01
マテリアルを設定する

新規のシーンに作成されている立方体には最初からマテリアルが設定されていますが、新たに追加したオブジェクトには、マテリアルが設定されていないので、新たに設定する必要があります。

●サンプルデータ：Ch04-01.blend

▶▶▶マテリアルとは

「マテリアル」を設定する前に、Blender におけるマテリアルの基本的な構造を解説します。マテリアルは、オブジェクトに光が照射された場合、どのようにその光が反射屈折してカメラのレンズに届くかを設定する機能です。

たとえば、オブジェクトが赤く見えるのは、そのオブジェクトの表面が赤い光を反射する材質でできているという設定（ベースカラー）を行っているからです。また、オブジェクトが透き通って見えるのは、オブジェクトの背後にあるオブジェクトに反射した光が、手前にあるオブジェクトに反射せず、そのまま透過してカメラにとどく（透明度）ので透明な物質に見えるというわけです。このようなオブジェクトの光に対する性質を設定するのがマテリアルの機能です。

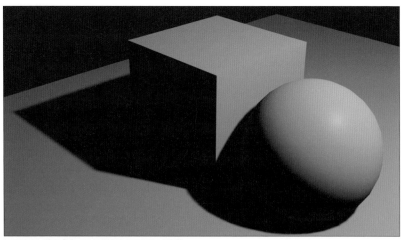

マテリアルがオブジェクトに設定されていない状態

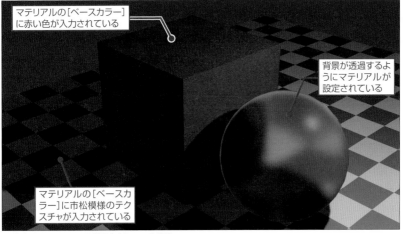

マテリアルの[ベースカラー]に赤い色が入力されている

背景が透過するようにマテリアルが設定されている

マテリアルの[ベースカラー]に市松模様のテクスチャが入力されている

オブジェクトにマテリアルが設定されている状態

マテリアルは、光に対する処理を行うプログラムの「シェーダー」と、「テクスチャ」というシェーダーの設定項目（プロパティ）に影響を与える模様などの画像によって構成されています。Blenderでは、マテリアルのシェーダーやテクスチャは、ノードという単位で管理設定するようになっています。ノードの出力と入力を組み合わせながら、マテリアルを設定していきます。

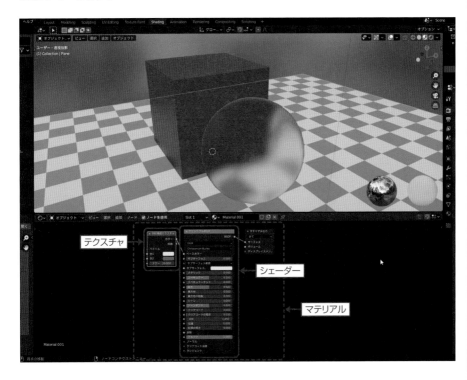

テクスチャ

シェーダー

マテリアル

シェーダーは［マテリアルプロパティ］の［サーフェス］→［サーフェス］のプルダウンリストで切り替えます。汎用的な質感を作成することができる［プリンシプル BSDF］シェーダーや、ガラスの質感を作成できる［ガラス BSDF］、髪の毛などに使用する「ヘアBSDF」などさまざまなシェーダーが用意されています。

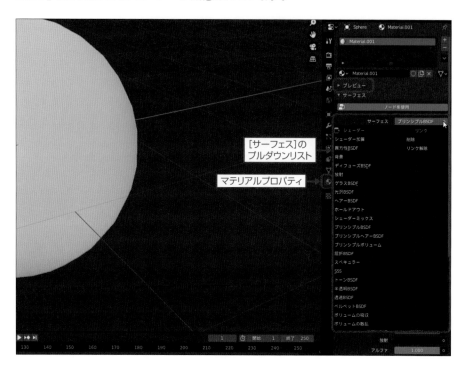

▶▶▶オブジェクトにマテリアルを適用する

STEP 01　オブジェクトを選択して［マテリアルプロパティ］を表示する

　オブジェクトにマテリアルを設定するには、まずオブジェクトを選択し、［プロパティ］エディターを［マテリアルプロパティ］ に切り替えて、［新規］をクリックします。

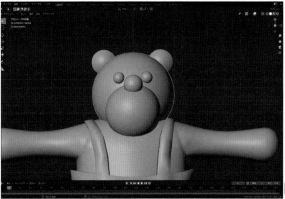

サーフェスの設定に［プリンシプルBSDF］シェーダー**C**が設定されたマテリアルが、選択されているオブジェクトに適用されます。

［マテリアルプロパティ］の一番上には、現在選択されているオブジェクトに設定されているマテリアルのリスト**A**が表示され、その下にはマテリアル名**B**が表示されます。マテリアル名をクリックすると、マテリアルを名前を変更することができます。

マテリアルプロパティ

STEP
02

プレビューを表示する

［プレビュー］の▶をクリックすると、現在のマテリアルの設定状態のプレビューが表示されます。プレビューと実際にレンダリングされた状態では、ライティングなどの状態が同じではないので、まったく同じ見え方にはなりませんが、ある程度の質感の確認にはなります。

デフォルトではプレビューに表示される形状は球ですが、プレビューのサムネイルの右にあるアイコンをクリックすると、プレビューに表示される形状を変更することができます。マテリアルを設定しているオブジェクトの形状に合わせて、似たような形状を選択するとハイライトや陰影の状態を確認しやすくなります。

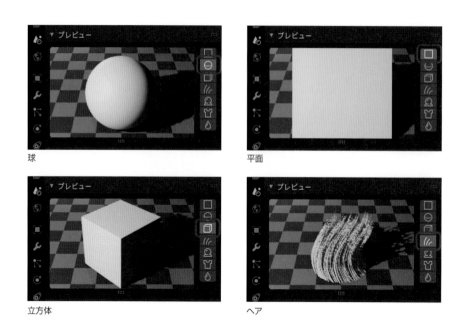

球　　　　　　　　　　　　　　　　　　　平面

立方体　　　　　　　　　　　　　　　　　　ヘア

　オブジェクトに設定されているマテリアルを追加したり、削除したりする場合は一番上に
あるマテリアルのリストの右側にある ✚（追加）、━（削除）をクリックすることで操作する
ことができます。

02
プリンシブルBSDFシェーダー

本節では、マテリアルにデフォルトで設定されている[プリンシプルBSDF]シェーダーを使って、マテリアルの基本的な設定方法を解説します。

●サンプルデータ：Ch04-02.blend、Ch04-02-finished.blend

[プリンシプル BSDF]シェーダーには、シェーダーの一般的なプロパティが用意されているので、ほかのシェーダーの理解にも役に立つでしょう。

STEP 01　ワークスペースを切り替える

マテリアルの設定を行うときは、ワークスペースを[Shading]に切り替えると、設定の効果がわかりやすいでしょう。画面上部にあるワークスペースのタブの中から[Shading]をクリックします。

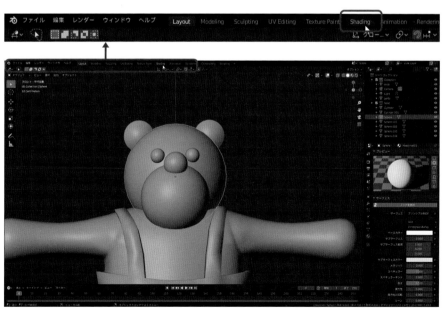

[Shading] ワークスペースのビューポートは、「IBL」（イメージベースドライティング＝環境光に画像を使用するライティング）が設定された状態で、マテリアルの調整を行うことができます。また、ビューポートの下には、[シェーダー] エディターが表示され、ノード形式でマテリアルの設定を行うことができるようになっています。

　ビューポート右上の[3Dビューのシェーディング]のアイコンを切り替えることで、ビューポートの表示の仕方を変更することができます。デフォルトは右から二番目の [マテリアルプレビュー] になっています。[マテリアルプレビュー] では、Blenderに搭載されているリアルタイムレンダラーのEevee（→P.303）を使用して表示されるため、Eeveeを使ってレンダリングしたい場合には、このシェーディングでマテリアルを確認するとよいでしょう。

マテリアルプレビュー

一番右側のアイコンをクリックすると、Blenderのシーンプロパティで設定されているレンダーエンジンを使ったシェーディングになります。シーンに設定されたライトを使ったシェーディングになるので、Cycles（→P.303）レンダーエンジンを使ったレンダリングでライティングの状態を確認したい場合は、このシェーディングで確認するとわかりやすいでしょう。

レンダープレビュー

色を設定する

まずは、マテリアルのベースとなる色を設定します。色は［シェーダー］エディターの［ベースカラー］で設定します。［ベースカラー］の色のボックスをクリックします。

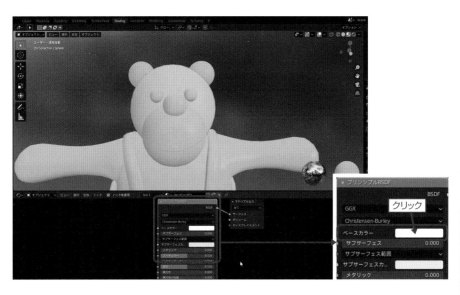

色のボックスをクリックすると、カラーピッカーが表示されるので、左側で色相と彩度を選択し、右側のスライダーで明度を調整します。ビューポートでは、リアルタイムで［ベースカラー］の色を確認することができるので、ビューポートのシェーディングの状態を見ながら設定していきます。

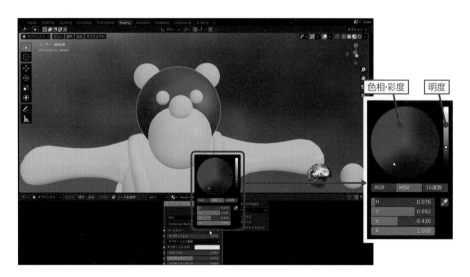

色相・彩度　明度

STEP 03　光沢感を設定する

　質感を設定する上で、光沢感はとても大切な要素です。しかし、3DCGで光沢感を出すのは少し手間がかかります。

　［プリンシブルBSDF］シェーダーで光沢感を調整するには、主に［スペキュラー］（鏡面反射）、［粗さ］（ラフネス）、［シーン］（光沢）の3つのプロパティを調整していきます。

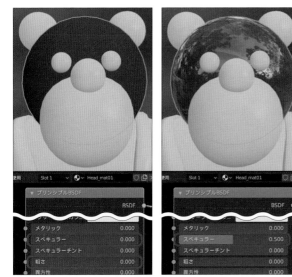
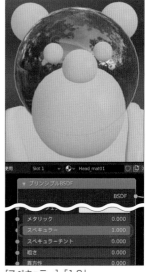

まずは、[スペキュラー]の値を調整してみましょう。図は[粗さ]を0にした状態で、左から「0」、「0.5」、「1.0」に設定した状態です。値が大きくなると映り込みがはっきりしてくるのがわかります。

[スペキュラー]「0」（[粗さ]「0」）　　[スペキュラー]「0.5」　　　　　　[スペキュラー]「1.0」

「粗さ」は[スペキュラー]がどのくらいボケるのかを設定します。「粗さ」の値が大きくなると、表面の乱反射が多くなり光沢感がない状態になっていきます。図は「スペキュラ」を「1」に設定した状態で、左から「0」、「0.5」、「1.0」に設定した状態です。

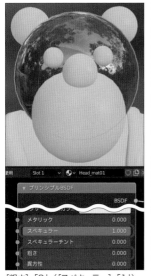

[粗さ]「0」（[スペキュラー]「1」）　　[粗さ]「0.5」　　　　　　　[粗さ]「1.0」

［シーン］はオブジェクトの周辺域に回り込む光による光沢感を調整します。値が大きくなると、徐々にオブジェクトの周辺域が明るくなっていきます。左から「0」、「0.5」、「1.0」に設定した状態です。

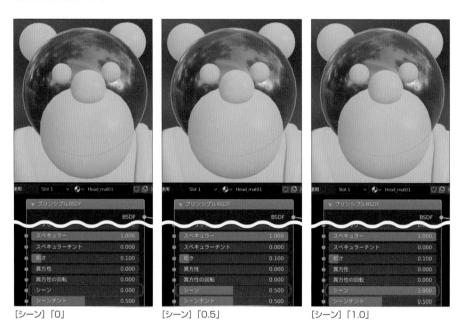

［シーン］「0」　　　　　　　　　［シーン］「0.5」　　　　　　　　　［シーン］「1.0」

STEP 04 金属感を設定する

　ゴールドなどのような金属的な質感を作成する場合は、主に［メタリック］と［スペキュラー］の値を調整していきます。まずは［ベースカラー］で、基本となる色を設定します。ここではゴールドにしたいので、明るい黄土色に設定しました。

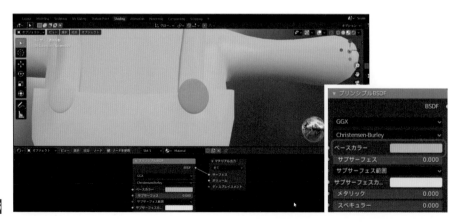

196

［スペキュラー］の値を上げていきます。スペキュラーを上げると鏡面反射が強くなっていきますが、あまり金属的ではありません。

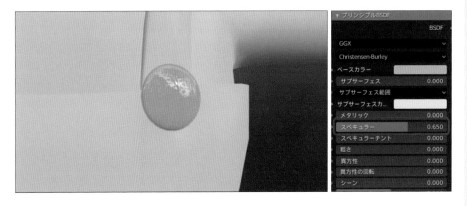

［メタリック］の値を上げていきます。ここでは「0.9」に設定しています。だいぶゴールドの感じが出てきました。

［粗さ］の値を少し上げると、曇った感じがでるのでよりゴールドの感じが出ます。

作成したマテリアルにはわかりやすいように名前を付けておきます。ここでは「gold」と入力しました。

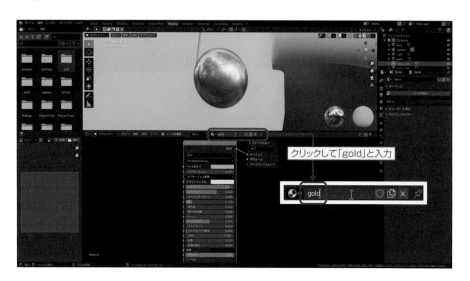

STEP 05 透明な質感を作成する

次にガラスのような透明な質感を作成してみます。ここでは、シーンにUV球を追加して、球のオブジェクトにガラスの質感を設定します。ガラスにしたいオブジェクトを選択して、[シェーダー] エディターの [新規] をクリックします。

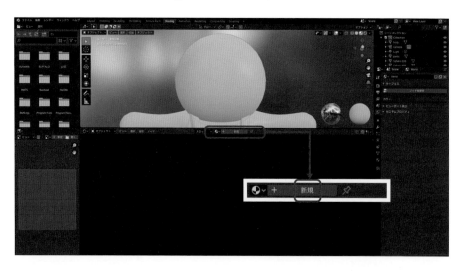

選択したオブジェクトに [プリンシプルBSDF] シェーダーが適用されます。

[マテリアルプレビュー] では、レンダラーにEeveeを使っているため透明な質感を作成するには、いくつかの設定が必要になります。

まず、[プロパティ] エディターの [レンダープロパティ] 🖼 をクリックして表示を切り替え、[スクリーンスペース反射] にチェックを入れてオンにして、[屈折] （バージョン2.90では [Refraction]）にもチェックを入れます。

次に [プロパティ] エディターの [マテリアルプロパティ] 🔴 を表示して、[設定] にある [スクリーンスペース屈折] にチェックを入れてオンにします。

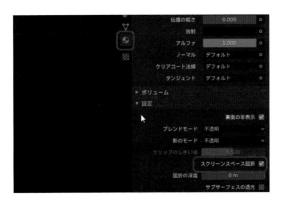

質感を透明にするには、[プリンシプルBSDF] シェーダーの [伝播] の値を大きくしていきます。以下は「0」、「0.5」、「1.0」に設定したものです。

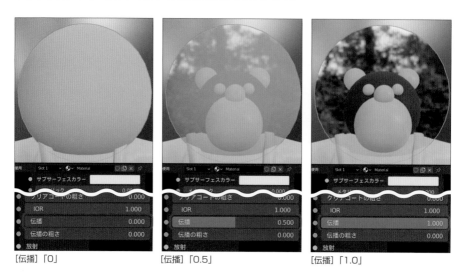

[伝播]「0」　　　　　　　　[伝播]「0.5」　　　　　　　　[伝播]「1.0」

透明にしただけではガラスっぽく見えないので、[メタリック] や [スペキュラー] の値を上げていきます。図の例では、[メタリック] を「0.4」、「スペキュラー」を「0.6」、「粗さ」を「0.1」に設定しています。

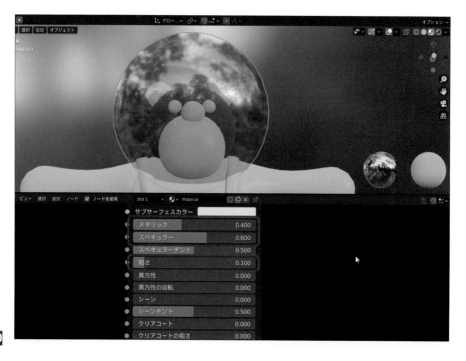

　ここまでは、薄いガラスのフードのような感じを想定しているので、光が屈折していない状態になっています。

　もし、レンズや水晶玉のように光が屈折して、向こう側に配置されたオブジェクトが歪んで見えるような設定にしたい場合は、[IOR] の値を調整します。[IOR] は「屈折率」と呼ばれる設定で、物質それぞれに固有の屈折率が存在しています。

　よく使用する [IOR] の値は、水「1.33」、水晶「1.54」、ガラス「1.43~2.14」、ダイヤモンド「2.41」などがあります。

[IOR]「1.0」

[IOR]「1.33」（水）

[IOR]「1.43」（ダイヤモンド）

[IOR]「1.54」（水晶）

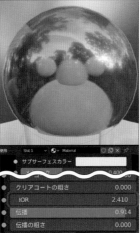

[IOR]「2.41」（ダイヤモンド）

作成したマテリアルは、ほかのオブジェクトにも簡単に流用することができます。バリエーションが必要ない同じ質感のオブジェクトが複数ある場合は、流用することで効率よく作業することができます。ここでは、ゴールドに設定したマテリアルを左側のボタンにも流用してみます。

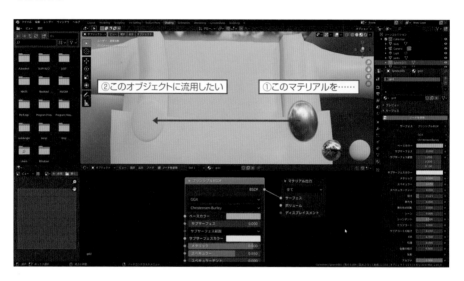

作成されているマテリアルを設定したいオブジェクトを選択します。

[新規]の左側にあるマテリアルリストのアイコン をクリックすると、現在のシーンで使用されているマテリアルの一覧が表示されます。マテリアルの一覧の中から、設定したいマテリアルを選択します。ここでは「gold」を選択しました。

選択したオブジェクトに「gold」のマテリアルが設定されました。

マテリアルを編集すると、そのマテリアルを流用したオブジェクトすべてに反映されます。

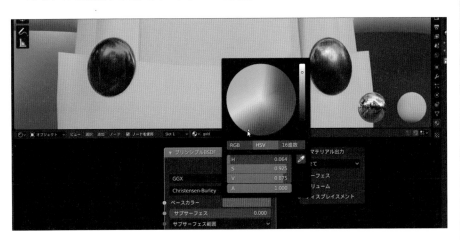

<table>
<tr><td>STEP
07</td><td>**1つのオブジェクトに
複数のマテリアルを設定する**</td></tr>
</table>

　ここまでは1つのオブジェクトに1つのマテリアルを設定していましたが、1つのマテリアルに、複数のマテリアルを設定することもできます。

ここではズボンの生地の部分と、ベルトの部分に違うマテリアルを設定してみます。わかりやすいようにズボンのオブジェクトだけを表示した状態にしました。

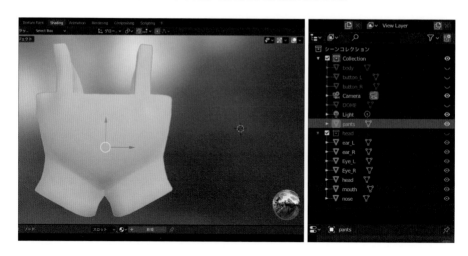

まずマテリアルを作成します。オブジェクトを選択して、[プロパティ] エディターを [マテリアルプロパティ] ■に切り替えて、➕ を2回クリックして、2つのマテリアルを作成します。

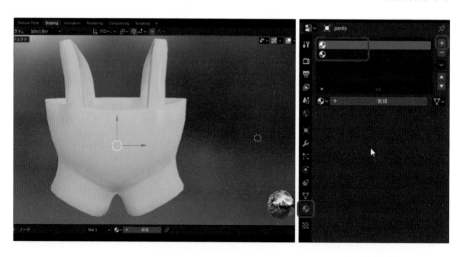

作成されたマテリアルを選択して、[新規] をクリックしてシェーダーを設定します。

もう１つのマテリアルも同様に［新規］をクリックしてシェーダーを割り当てておきます。

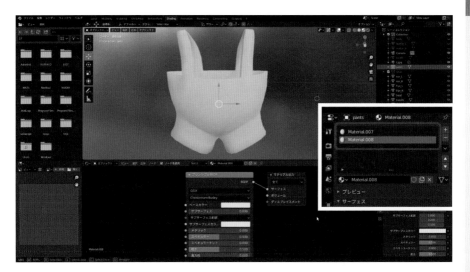

　わかりやすいように、マテリアルに名前を付けて
おきます。最初に作成したマテリアルは「pants_
bottom」、２つめを「pants_belt」と名前を付けまし
た（右図）。

　「pants_bottom」の［ベースカラー］を変更します。
ここでは青にしました。

　「pants_belt」の［ベースカラー］を変更します。ここではオレンジにしました。

マテリアルの用意ができたら、オブジェクトを選択して［編集モード］にして、ベルト部分の面を選択します。

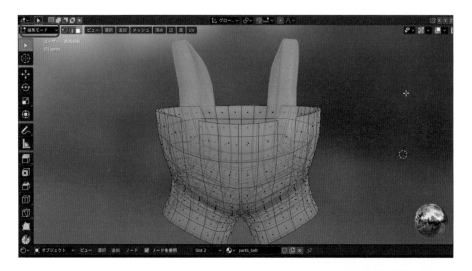

［マテリアルプロパティ］  で、「pants_belt」マテリアルを選択して［割り当て］（バージョン2.90では［Assign］）をクリックします。

［オブジェクトモード］に戻すと、このようにズボンのボトム部分とベルト部分にちがうマテリアルが設定されました。

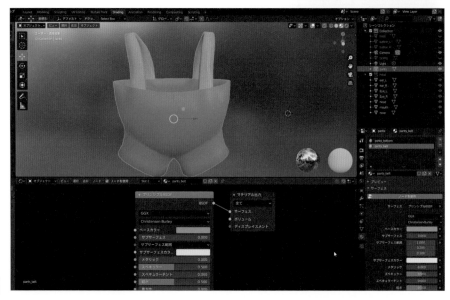

03
テクスチャマップで模様を付ける

マテリアルでは、単色だけではなくテクスチャを使って模様を付けることもできます。ここでは、[ベースカラー]にテクスチャを使ってみます。

●サンプルデータ：Ch04-03.blend、Ch04-03-finished.blend

STEP 01 テクスチャノードを 追加する

Blenderにはいくつかのテクスチャが用意されています。テクスチャを使用したいマテリアルを[シェーダー]エディターに表示します。ここでは、ズボンのオブジェクトを選択し、[マテリアルプロパティ] ■ で「pants_bottom」マテリアルを選択して、[シェーダー]エディターに表示しました。

［シェーダー］エディターの［追加］→［テクスチャ］を選択すると、用意されているテクスチャが表示されるので、ここでは［市松模様テクスチャ］を選択しました。

［シェーダー］エディターに［市松模様テクスチャ］のノードが追加されます。ノードはマテリアルを作成するための部品のようなものです。Blenderではこのノードの出力と入力を繋ぎながらマテリアルの構造を設定していくことができます。

［市松模様テクスチャ］ノードの［カラー］の出力と、［プリンシプルBSDF］シェーダーの［ベースカラー］の入力をドラッグ＆ドロップで繋ぎます。

[市松模様テクスチャ] は、[色1] [色2] で模様の色を設定し、[拡大縮小] の値で模様
の大きさを調整することができます。このように、プロパティの値で模様の状態を編集する
ことができるテクスチャのことを一般的に「プロシージャルテクスチャ」といいます。

04
UVマップを作成する① 基本

テクスチャを使用したマテリアルをオブジェクトに設定したものの、模様が変形したり、位置が合わないというような場合は、オブジェクトの座標とテクスチャの座標を関連付けるUVマップ機能で補正します。

▶▶▶基本的なUV展開の方法

　オブジェクトに正確にテクスチャを配置したいという場合、「UVマップ」が必要になってきます。UVマップは、3次元で作成されているオブジェクトを擬似的に平面化し、2次元のテクスチャを3次元のオブジェクトに貼り付けるための展開図のようなものです。このUVマップを作成する作業を「UV展開」といいます。ここでは、シーンに追加した立方体をUV展開してサイコロを作成してみます。

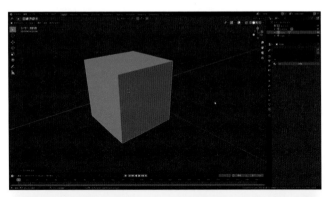

STEP 01 UVを展開する

　UVを展開するには、ワークスペースの[UV Editing]をクリックして、UV展開用のワークスペースに切り替えます。ワークスペースを［UV Editing］に切り替えると、左側に［UV］エディター、右側にビューポートが表示された状態になります。［UV］エディターには、立方体がUV展開された状態で表示されます。

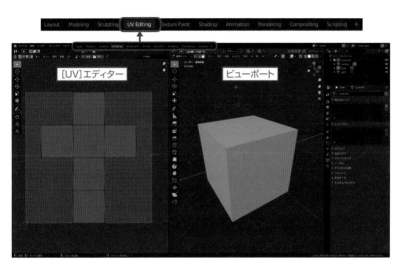

　［UV］エディターにUVを表示する際には、ビューポートでオブジェクトの面を選択しておく必要があります。選択されている面のUVしか表示されないので、UV全体を確認したり、［UV］エディターで選択している面や頂点がメッシュのどの位置なのかを確認することが難しい場合があります。メッシュとUVの関係を確認したいという場合は、［UV］エディターの左上にある[UV同期選択]をクリックしてオンにしておきます。

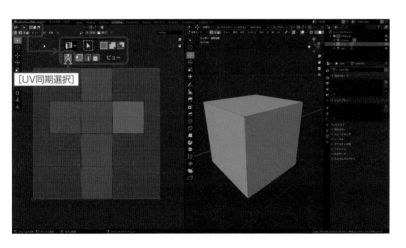

[UV] エディターには、正方形のUV座標が表示され、その中に展開されたUVが配置されています。UVは必ずこのUV座標内に収まっている必要があります。UVは、「頂点」「辺」「面」「アイランド」の4つの要素でできています。「アイランド」は、UVが繋がっている1つのUVの塊です。それぞれ選択モードで選択していきます。UVの頂点や辺、面はオブジェクトの頂点、辺、面と対応しています。

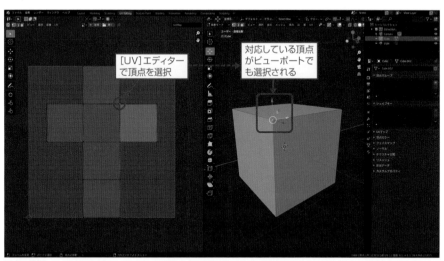

頂点を選択

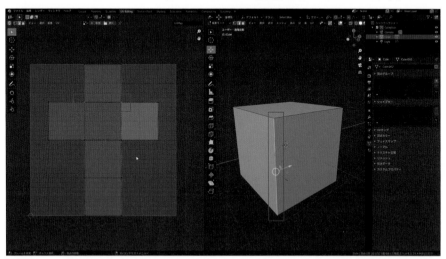

辺を選択

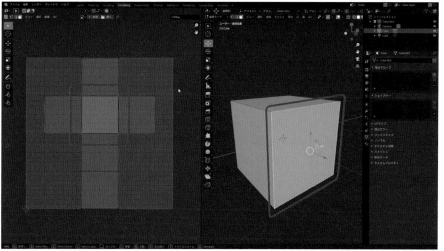

面を選択

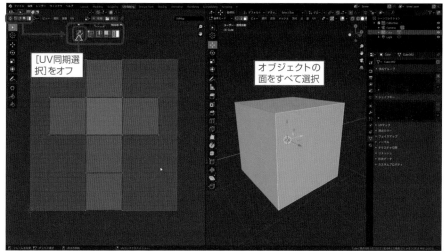

[UV同期選択]をオフ

オブジェクトの面をすべて選択

アイランドを選択(アイランドを選択する場合は、[UV同期選択] をオフにして、ビューポート側でオブジェクトの面をすべて選択した状態にする)

**シームを設定して
UVを展開する**

　シーンに追加した立方体は、そのままでもテクスチャを描けるUVの配置になっていますが、メッシュに「シーム」というUVの切れ目を自分で設定し、テクスチャを描きやすい自由な形に展開することもできます。ここでは、十字型にUVが展開されている状態をT字型のUVに変更してみます。

まず、ビューポートで辺を選択していきます。最初に立方体の上部の３つの辺を選択します。

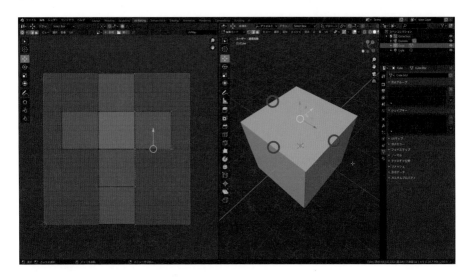

　ここで選択した辺をシーム（UVの切れ目）に設定します。辺が選択された状態で、ビューポートの［UV］→［シームをマーク］を選択します。

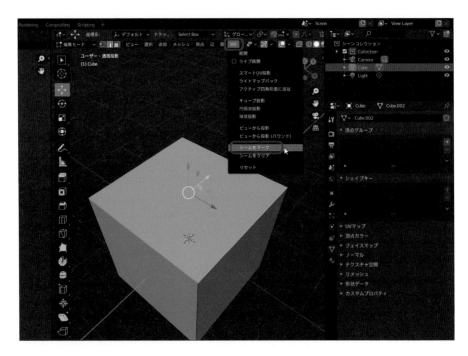

これで選択した辺がシームとして設定され、赤い線に変化します。

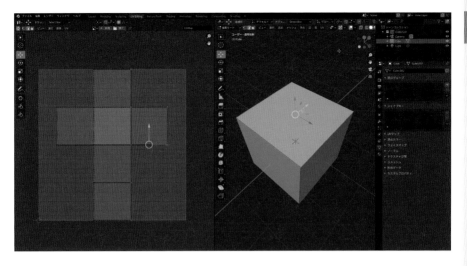

次にT字型の右側の側面部分になる辺を選択します。

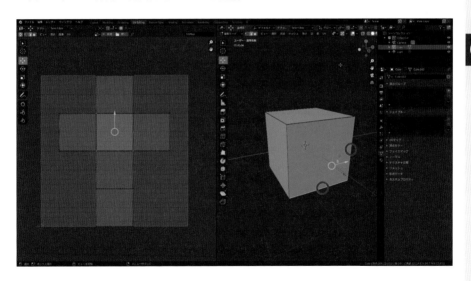

[UV] → [シームをマーク] を選択します。

これで選択した辺がシームに設定されました。

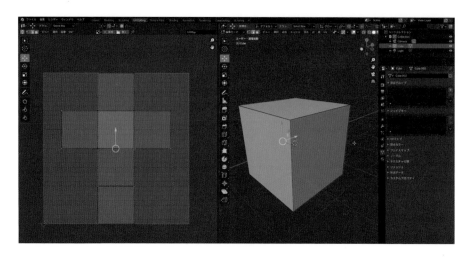

ビューを回転させて、T字型の左側の側面になる辺を選択します。

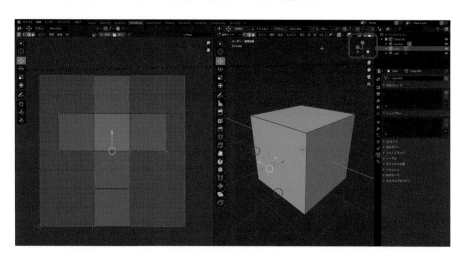

[UV] → [シームをマーク] を選択します。

選択した辺がシームに設定されました。

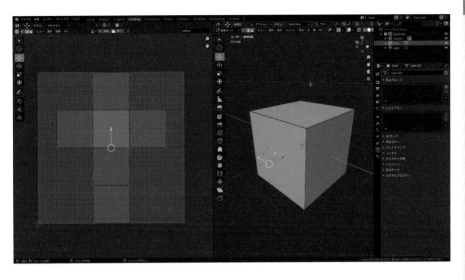

立方体に必要なシームが設定できたので、すべての面を選択します。

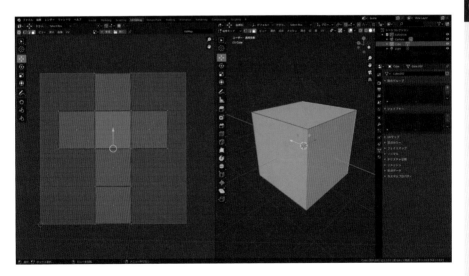

[UV] → [展開] を選択します。

図のようにＴ字型にＵＶが展開されました。このように、ＵＶの切れ目にしたい辺の位置にシームを設定することで、自分がテクスチャを描きやすい形に展開することができます。

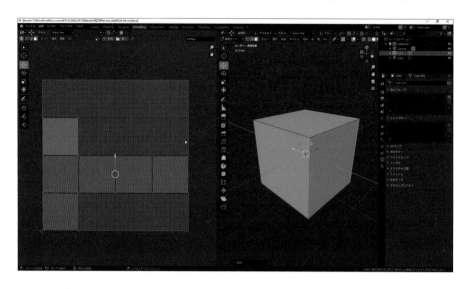

▶▶▶ＵＶを編集する

シームを設定したＵＶの展開ができたところで、ＵＶ編集の基本操作について紹介します。ＵＶ編集は、あくまでもビットマップのテクスチャを描きやすくするためのもので、ＵＶを編集してもオブジェクトのメッシュには影響を与えません。

●サンプルデータ：Ch04-04-01.blend、Ch04-04-01-finished.blend

STEP 01 ［ＵＶ同期選択］を オフにする

［ＵＶ同期選択］をオンにしておくと、1つの頂点だけを移動したいというような編集ができません。ＵＶを頂点や辺単位で編集する場合は、［ＵＶ同期選択］をオフにします。

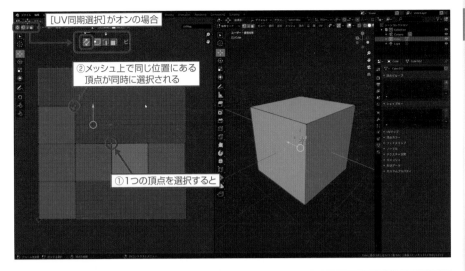

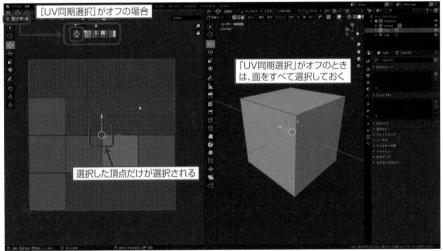

STEP 02 UVのアイランドのスケールを
変更する

　UVを展開すると、UV座標の境界にぴったりと位置があった状態で展開されることが多いのですが、この状態のUVにペイントしていくと、境界付近をペイントしづらかったり、オブジェクトにテクスチャを適用したときにノイズが出たりすることがあります。このような場合、UVをUV座標の少し内側に配置しておくと、テクスチャを作成しやすくなります。

　UVのスケールを変更するには、選択を[アイランド選択]に切り替えてUVを選択します。

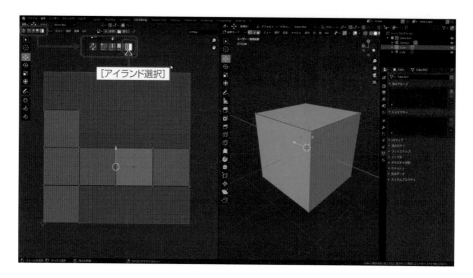

[UV] エディターの [拡大縮小] ツール（バージョン2.90では [スケール]）を選択します。選択しているUVのアイランドにギズモが表示されます。[UV] エディターの [拡大縮小] ツールは、2次元なので当然ながらX軸（水平方向の緑の軸）、Y軸（垂直方向の赤い軸）と、X軸方向とY軸方向へ同じ比率でスケールする白い円の3つのギズモで構成されています。

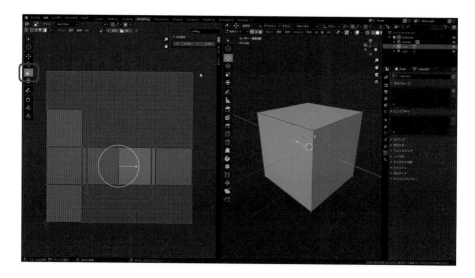

　ここではアイランド全体を等比率で縮小したいので、ギズモの白い円をドラッグしてスケールを小さくします。

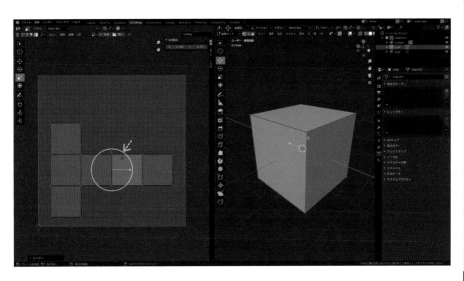

STEP 03　UVのアイランドを回転する

　次は、横になっているT字型のUVを90°回転して立った状態にしてみます。回転するには、[UV]エディターの[回転]ツールを選択します。[回転]ツールを選択すると、選択されているUVのアイランドに白い円のギズモが表示されます。

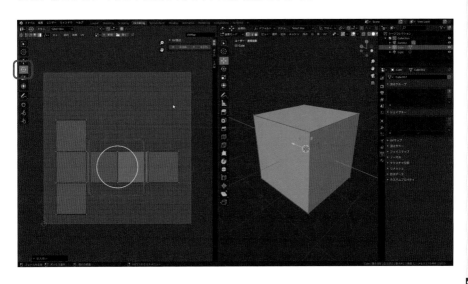

ギズモをドラッグすると、アイランドが回転します。

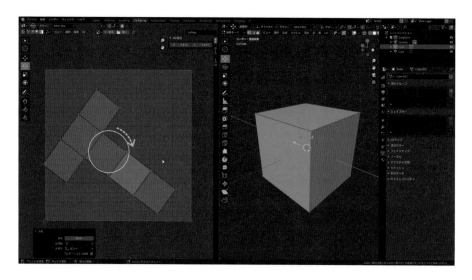

正確に回転したい場合は、[回転] ツールを使用すると表示されるオペレーターパネルの
[角度] に数値入力します。

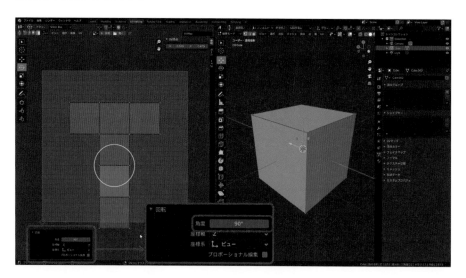

STEP 04 アイランドを 移動する

　回転した結果、アイランドの一番下がUV座標からはみ出してしまったので、UV座標内に移動します。まず、[UV] エディターの [移動] ツールを選択します。

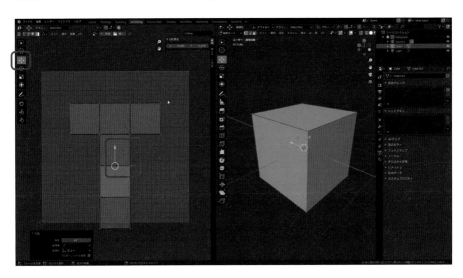

　X軸とY軸が表示された移動のギズモが表示されるので、UV座標内に収まるようにアイランドを移動します。

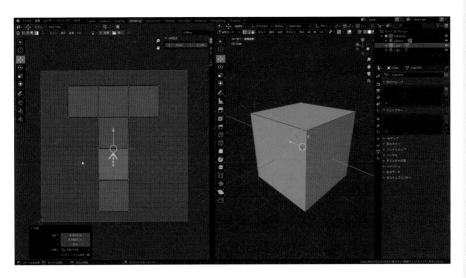

▶▶▶UV座標をビットマップ化してテクスチャを描く

[UV] エディターでは、展開した UV をビットマップのファイルとして出力することができます。展開した UV をもとにして、ペイントソフトでテクスチャを描いてみます。

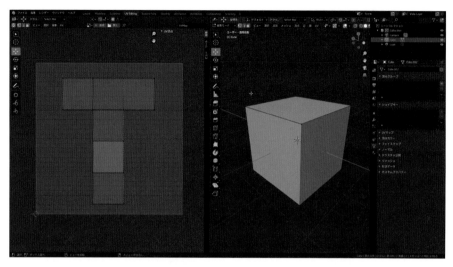

●サンプルデータ：Ch04-04-02.blend、Ch04-04-02-finished.blend、Cube_color.png

STEP 01 [UV] エディターの [UV] から [UV配置をエクスポート] を選択する

STEP 02 ファイル名を入力して 保存する

ファイルビューのウィンドウが表示されるので、保存するフォルダを指定してファイル名を入力します。ここでは、UV 座標内にある UV をすべてビットマップとして出力したいので、[すべての UV] にもチェックを入れます。

画像のフォーマットは PNG 画像を選択します。eps ポストスクリプト形式、SVG はベクター形式ですが、対応していないペイントソフトもあるので、使用には注意が必要です。

［size］（サイズ）は２のn乗のピクセル数で設定された正方形にします。

［ファイルの不透明度］は、UVの面にあたる部分の不透明度を設定します。ペイントソフトで表示したときの視認性やペイントしやすさを考えて、「0.25」以下にしておくとよいでしょう。

設定ができたら「UV配置をエクスポート」をクリックします。

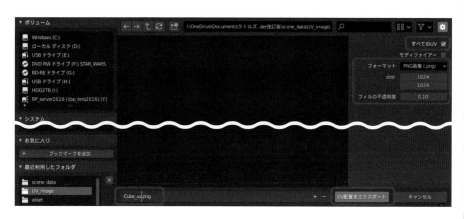

STEP 03 出力したUVの画像をペイントソフトで開く

UVを画像として出力できたら、ペイントソフトでその画像を開きます。ここではオープンソースのペイントソフトKrita（krita.org/jp/）を使用しています。UVの辺が実線として描画され、面が不透明度0.25で塗られた状態になっています。背景は透明な状態になっています。

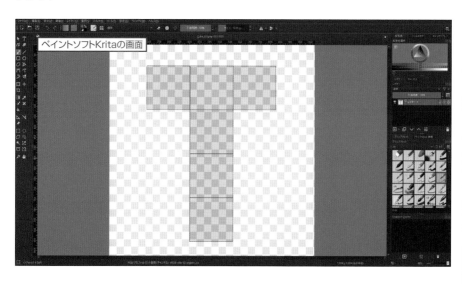

ペイントソフトKritaの画面

ペイントソフトで
テクスチャを描く

描画用のレイヤーを作成し、そのレイヤーに模様を描いていきます。ここではサイコロの目を描きました。

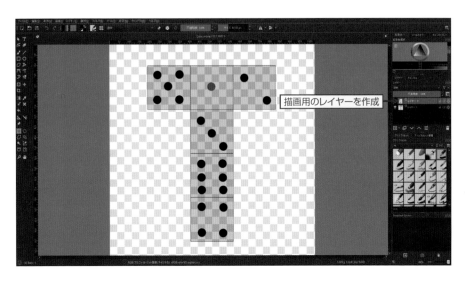

サイコロの目を描いたレイヤーの下に、サイコロの地の色を塗るレイヤーを作成し、単色で塗りつぶします。

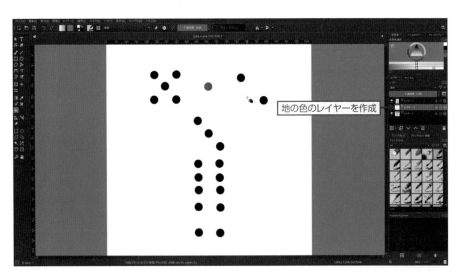

[ファイル] メニューから [名前を付けて保存] を選択します。

ファイルの種類をPNG画像に設定し、ファイル名を付け（ここでは「Cube_color.png」）、[保存] をクリックして、作成した画像を保存します。

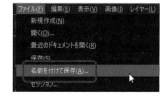

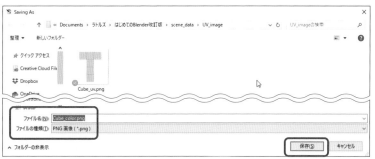

▶▶▶作成したテクスチャを [ベースカラー] に入力する

テクスチャが作成できたら Blender に戻ります。

STEP 01 テクスチャに 画像ファイルを追加する

Blenderのワークスペースを [Shading] に切り替えます。

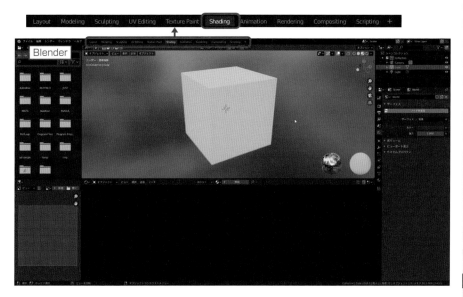

［シェーダー］エディターの［＋新規］をクリックして、立方体にマテリアルを作成します。デフォルトでは［プリンシプルBSDF］シェーダーが設定されたマテリアルが作成されます。

［シェーダー］エディターの［追加］から［テクスチャ］→［画像テクスチャ］を選択します。

画像テクスチャノードが追加されるので、画像テクスチャノードの [開く] をクリックします。

ファイルビューのウィンドウが表示されるので、ペイントソフトで描画した画像ファイルを
選択して、[画像を開く] をクリックします。

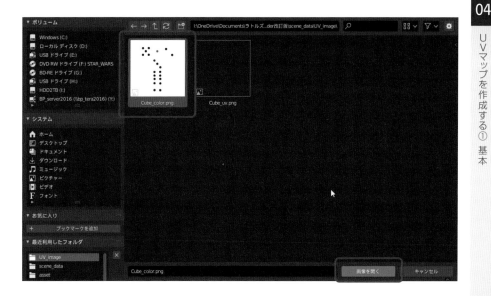

画像テクスチャノードに選択した画像が入力されたので、画像テクスチャノードの［カラー］と［プリンシプルBSDF］の［ベースカラー］の入力を接続します。

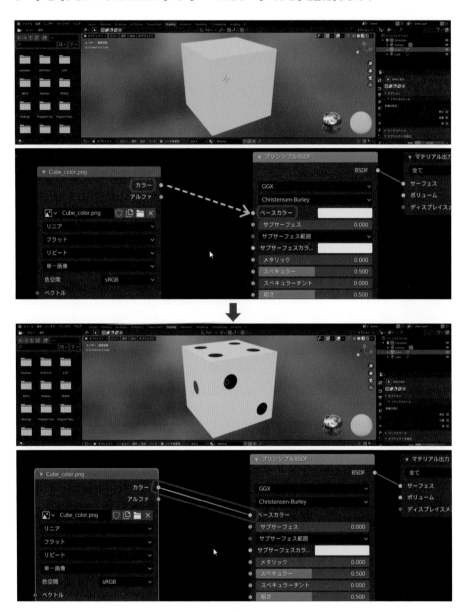

UVに従って描画したテクスチャが立方体に表示されます。UV通り1面ごとにサイコロの目が描かれています。このように、UVを展開して画像テクスチャを作成すると、オブジェクトの好きな位置に描画することができます。決まったデザインに模様を設定しないといけないような場合は、UV展開して画像テクスチャを作成しましょう。

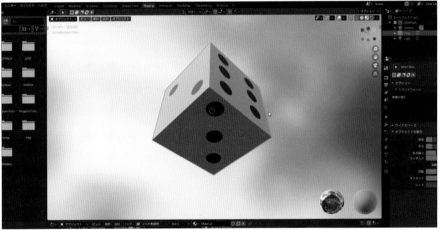

05
UVマップを作成する② 実例

ここでは、前節「04 UVマップを作成する① 基本」で説明した[UV]エ
ディターの操作、ペイントソフトによるテクスチャ作成方法などをもと
に、サンプルを使ったUVマップの実例を紹介します。

●サンプルデータ：Ch04-05-01.blend、Ch04-05-01-finished.blend、
pants_color.png、pants_bump.png

STEP 01　ワークスペースを切り替える

ここでは、図のように［市松模様テクスチャ］をマッピングしたオブジェクトを用意しまし
た。現状では、市松模様に連続性がなく不自然な模様になってしまっています。

UVを設定するには、ワークスペースを [UV Editing] に切り替えます。画面上部の [UVEditing] のタブをクリックして切り替えます。

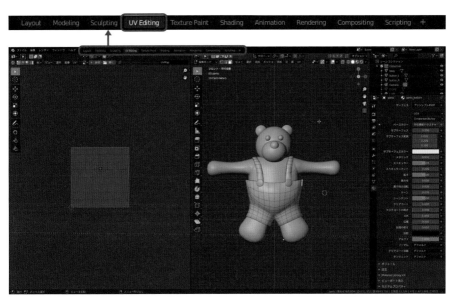

投影しやすいように、ズボンのオブジェクト以外は非表示にしました。

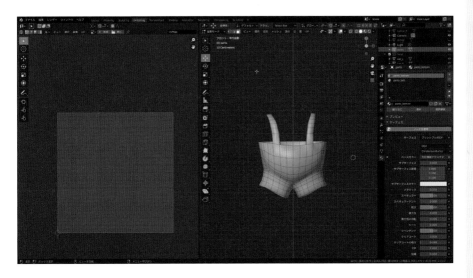

STEP 02 見えない面は 削除しておく

　ズボンのオブジェクトはソリッド化モディファイアを使って厚みを付けているので、外側と内側にそれぞれ面が作成されている状態になっています。UVを展開しやすいように、内側の見えない部分の面は削除しておきます。図のようにビューポートを透過表示にしておくとわかりやすいです。

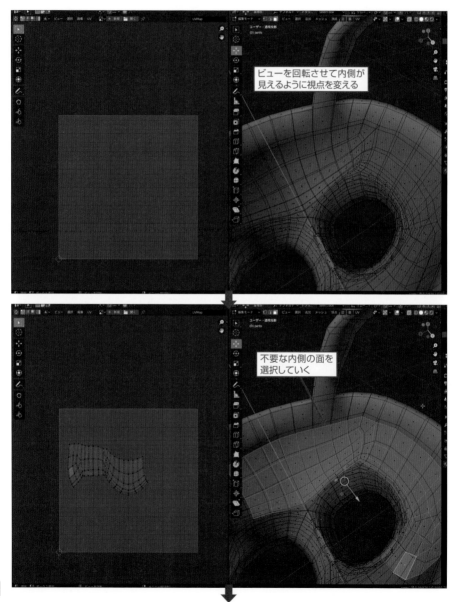

ビューを回転させて内側が
見えるように視点を変える

不要な内側の面を
選択していく

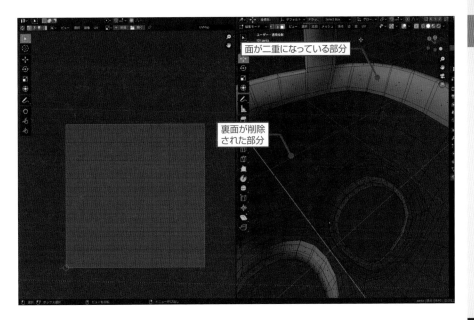

STEP
03

シームを
設定する

　ズボンのオブジェクトをUV展開する前に、UVの切れ目となる位置にシームを作成していきます。シームを設定するには、透過表示をオフにしてシームにしたい辺を選択します。

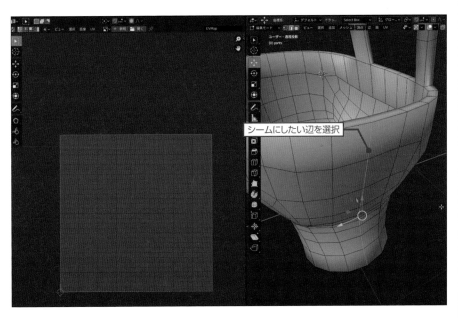

ビューポートの［UV］をクリックして、［シームをマーク］を選択します。

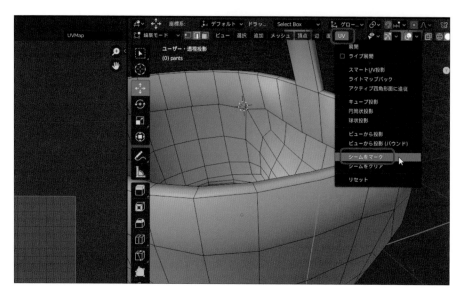

シームが設定され、シームが赤く表示されました。

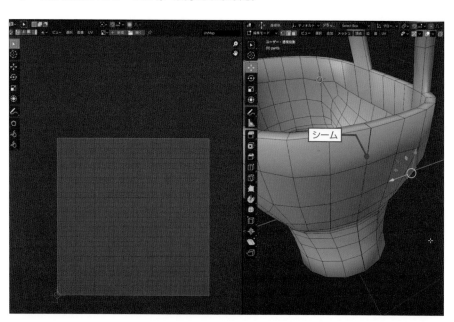

同じ要領で、シームにしたい辺を選択してシームを設定していきます。コツとしては、紙を折り曲げながら立体を作っていくペーパークラフトを思い起こしてください。どこに切れ目をいれたら、展開して平面にできるかを考えてシームを設定していきます。

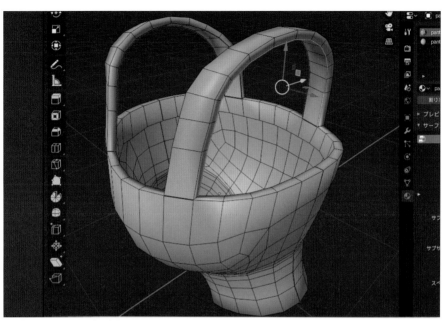

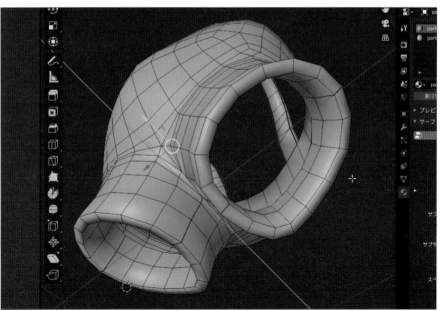

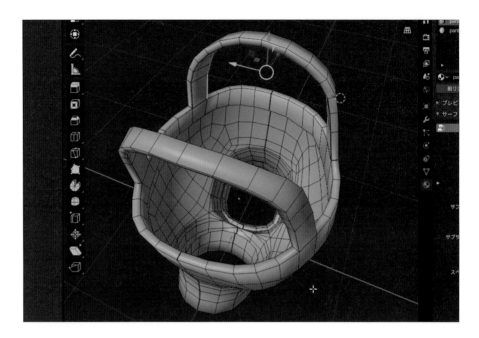

[面選択]にして、面をすべて選択します。

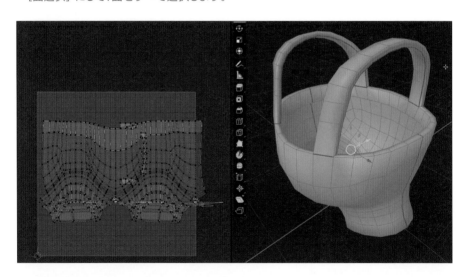

[UV]をクリックして[展開]を選択します。

　画面左側に表示されている[UV]エディターを見ると、立体の形状がUVとして平面に展開されたのがわかります。きれいな形に展開されないときは、シームが途切れていたりする場合があるので、確認してシームを付け直し、もう一度展開します。

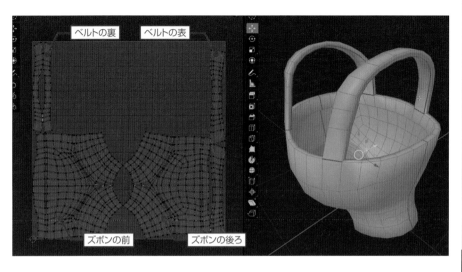

　ビューポートの表示を［マテリアルプレビュー］に切り替えます。この段階では市松模様の乱れは直っていません。

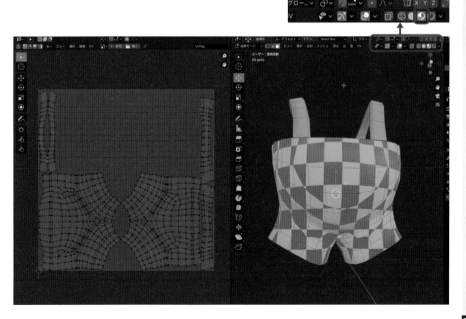

展開したUVを使ってテクスチャをマッピングするには、[マテリアルプロパティ] ![icon] の
[ベースカラー]の左にある▶をクリックして展開し、[ベクトル]の[デフォルト]となっ
ているところをクリックします。クリックすると、ベクトルのリストが表示されるので、[テクス
チャ座標]→[UV]を選択します。

　すると図のように市松模様がマッピングされます。

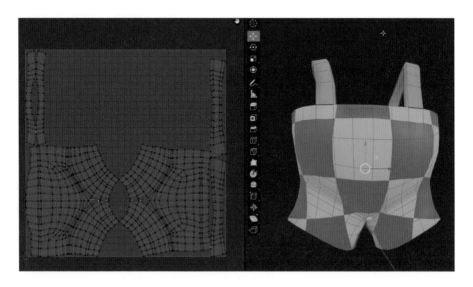

　[シェーダー]エディターの[市松模様テクスチャ]ノードか、[マテリアルプロパティ]の
[ベースカラー]の[拡大縮小]の値を調整すれば、図のように整列した市松模様をマッピ
ングすることができます。

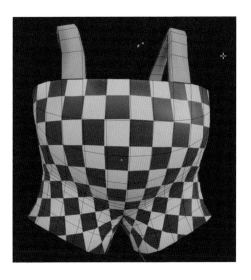

▶▶▶ビットマップテクスチャを使う

UV を展開しておくと、UV の座標を利用してペイントアプリで自由に模様を描いてオブジェクトにマッピングすることができます。オブジェクトの決まった位置に決まった模様を配置することができるので便利です。

●サンプルデータ：Ch04-05-02.blend、Ch04-05-02-finished.blend

STEP 01 UV座標の状態を ビットマップとして出力する

展開したUV座標をもとに、ペイントアプリでテクスチャを描くには、UV座標をビットマップとして出力する必要があります。そのためには、まずオブジェクトの面をすべて選択して、[UV] エディターにUVを表示し、[UV] エディターの [UV] をクリックして、[UV配置をエクスポート] を選択します。

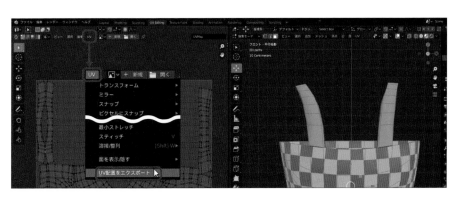

画像を保存するウィンドウが表示されるので、ファイルを［フォーマット］を「png」にして、ファイル名を入力し、[UV配置をエクスポート]をクリックします。

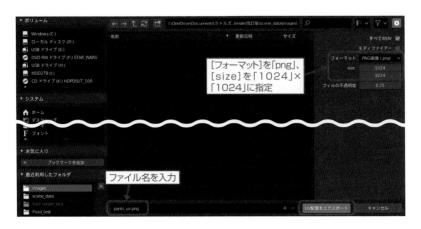

［size］は出力する画像の解像度です。ここでは1024ピクセル×1024ピクセルに設定してあります。解像度は必ず512、1024、2048といった2のn乗の正方形に設定します。

ペイントアプリで テクスチャを描く

出力した画像ファイルをペイントアプリで開きます。ここではオープンソースのペイントアプリKrita（krita.org/jp/）で開くと、このようにUVの座標を参照しながらペイントしていくことができます。

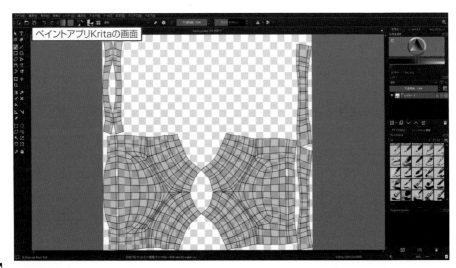

UVのラインをガイドにしながらペイントしていきます。ペイントするときには、UVのレイヤに直接ペイントするのではなく、ズボンの生地部分、ベルト部分、汚しなど要素ごとにレイヤーを作成しペイントしてくと修正や加工が楽になります。

ペイントし終わったら、UVのラインが表示されているレイヤーを非表示にして、PNGファイルで保存します。

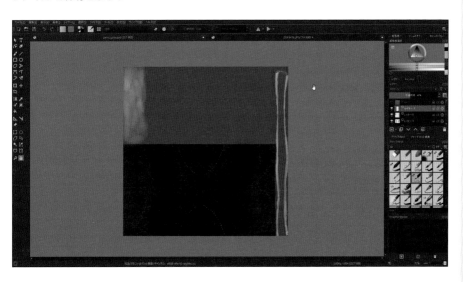

描いたテクスチャを [ベースカラー] に入力する

Blenderに戻り、ワークスペースを [Shading] に切り替えます。

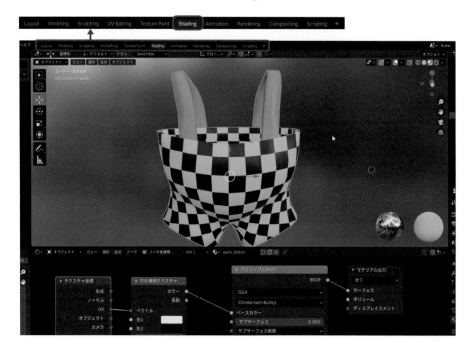

[シェーダー] エディターの [追加] をクリックし、[テクスチャ] → [画像テクスチャ] を選択します。

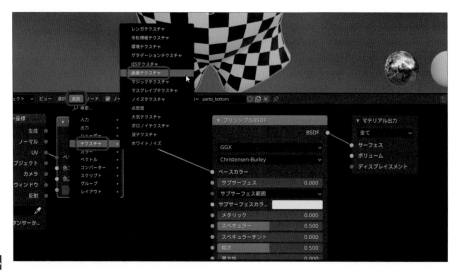

［画像テクスチャ］ノードが追加されるので、［画像テクスチャ］ノードの［カラー］の出力を［ベースカラー］の入力に接続します。

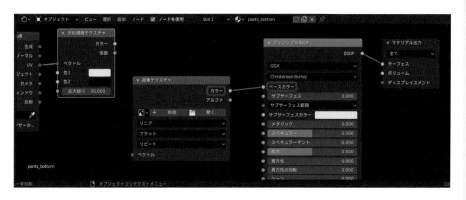

［画像テクスチャ］ノードの［開く］をクリックして、ペイントしたテクスチャのファイルを開きます。

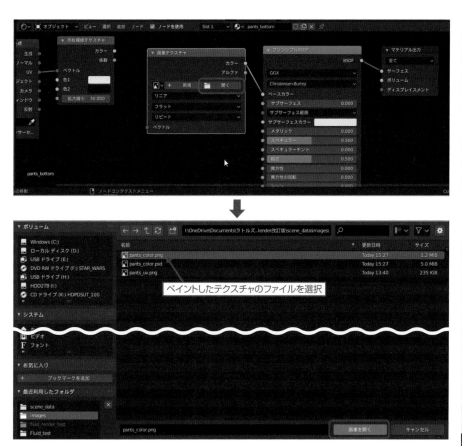

ペイントしたテクスチャのファイルを選択

オブジェクトにテクスチャがマッピングされます。

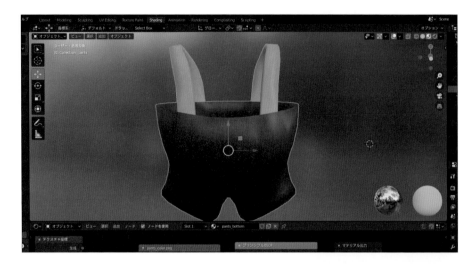

ベルトの部分にもテクスチャをマッピングしてみます。
[マテリアルプロパティ]  で「pants_belt」マテリ
アルをクリックして選択します。

[画像テクスチャ] ノードを追加して、ペイントしたテ
クスチャを開いて [ベースカラー] に接続します。

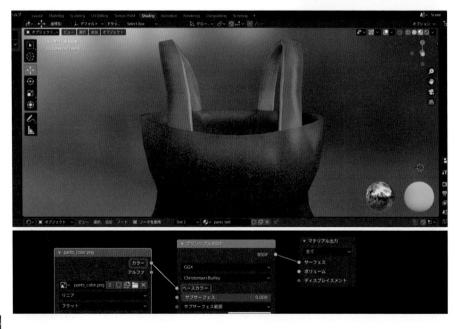

[マテリアルプロパティ] の [ベースカラー] → [ベクトル] を [UV] に切り替えます。

STEP
04

バンプテクスチャを使って
質感に凹凸を与える

　[ベースカラー] にテクスチャを入力しただけでは、表面がつるつるとした質感しか作れません。細かい凹凸を持つ質感を作りたい場合はバンプテクスチャを使用します。バンプテクスチャは、テクスチャの明度をもとに凹凸を擬似的に表現することができます。ここではズボンの生地部分の細かい凹凸用のテクスチャを作成してみます。

　まずはバンプ用のテクスチャを作成します。ペイントアプリで [ベースカラー] に読みこんだファイルを開きます。

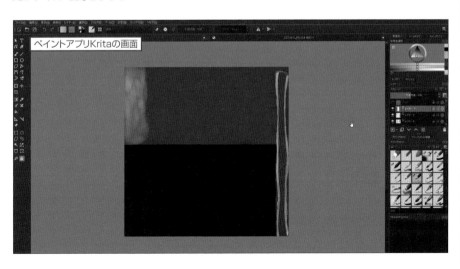

ペイントアプリKritaの画面

汚しやベルトの部分など凹凸を作りたくないレイヤーを削除し、レイヤーを統合して1つにします。

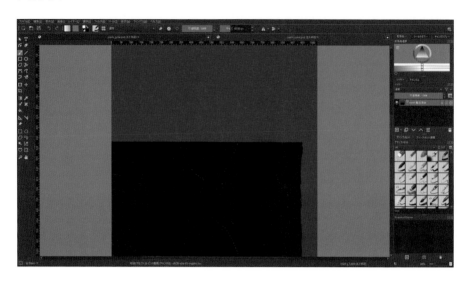

色調やレベルを補正してグレースケールの画像に変換します。

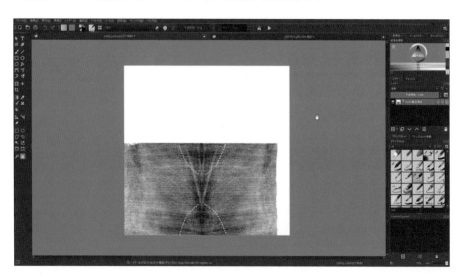

レベル補正しただけだと凹凸が強く出てしまうので、ぼかしフィルタなどで少しぼかしておきます。この状態でpngファイルとして保存します。

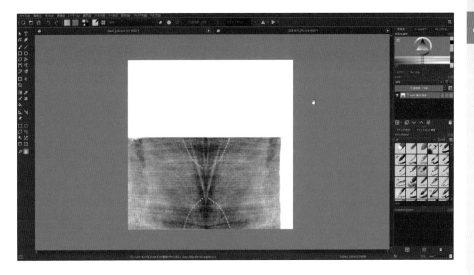

　ファイルができたら、Blenderに戻ります。「pants_bottom」マテリアルを選択し、[シェーダー] エディターの [追加] から [ベクトル] → [バンプ] を選択してバンプノードを追加します。

　さらに [追加] をクリックして [テクスチャ] → [画像テクスチャ] を選択し、画像テクスチャノードを追加します。

［画像テクスチャ］ノードでは、保存したバンプテクスチャのファイルを開いておきます。

　［画像テクスチャ］ノードの［カラー］の出力を［バンプ］ノードの［高さ］の入力に接続
し、［バンプ］ノードの［ノーマル］の出力を、［プリンシプルBSDF］ノードの［ノーマル］
の入力に接続します。

［バンプ］ノードの［強さ］の値を小さくして、凹凸の高さを調整します。

最後に［プリンシプルBSDF］ノードの［スペキュラー］と［粗さ］の値を調整して自然に仕上げていきます。

05

カメラで
撮影しよう

3DCGでは、制作したシーンに
カメラを配置して撮影することで
画像や動画として出力することができます。
ここではカメラの配置・撮影方法を解説します。

01
撮影する解像度を設定する

カメラを設定する前に、まずシーンを撮影する際の画像の高さと幅、解像度を設定します。これらを先に設定しておかないと、カメラを設定しても構図を決めることができません。

●サンプルデータ：Ch05-01.blend

STEP 01 [出力]プロパティを表示する

解像度は、[プロパティ] エディターの [出力プロパティ] 🖨 で設定します。

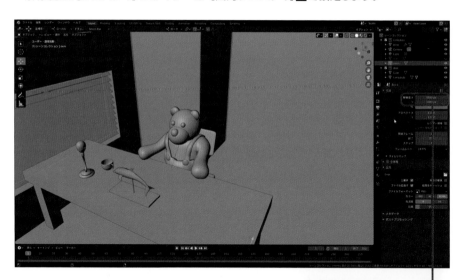

解像度は [寸法] の [解像度 X] (出力される画像の幅)、[解像度 Y] (出力される画像の高さ) で設定します。デフォルトでは 1920px (ピクセル) × 1080px の 16:9 のフル HD 解像度になっています。画像を利用するフォーマットに合わせて解像度の数値は変更します。

プリセットを
利用する

　Blenderには、さまざまなフォーマットに合わせた寸法の設定がプリセットとして用意されています。プリセットを利用するには、[寸法] にある [レンダープリセット] をクリックします。

　レンダープリセットには、NTSCの4:3のフォーマットから4Kまで用意されているので大抵の映像用フォーマットには対応できるでしょう。図は [4K UHDTV] のプリセットを選択した状態です。

プリセットの選択

[4K UHD TV] を選択

H I N T　映像用フォーマットについて

Blender に用意されている映像用フォーマットは、4K、DVCPRO、HDTV、HDV、TV の 4 つのタイプがあります。それぞれで解像度の異なる設定が用意されています。

4K DCI	ハリウッド映画で使用される 4096 × 2160 の 4K フォーマット。16:9 よりも少し幅が長い
4K UW	3840 × 1600 の PC4K モニターで使用される解像度。PC ゲームなどで利用される
4K UHD	4KTV放送や4Kストリーミング、4K Ultra HD Blu-rayなどで使用される3840 × 2160の4Kフォーマット
DVCPRO	放送用デジタルビデオ規格で、テープ記録用のフォーマット。画像を構成する最小単位の画素のアスペクト比 (横と縦の長さの比率) が3:2の横長になっていて、CG素材を作成するには不向きなフォーマットなので注意
HDTV	アスペクト比16:9の汎用ハイビジョンフォーマット。1280 × 720 と 1920 × 1080 の解像度が用意されている。ハイビジョンサイズのCG素材を作成する場合は、このフォーマットを選択するのが基本
HDV	放送用ハイビジョンフォーマット。NTSC (日本など)、PAL (欧州など) などの放送規格が用意されている。画素のアスペクト比が4:3の横長になっていて、CG素材を作成するには不向きなフォーマットなので注意
TV	アナログ放送時代のフォーマット。NTSC、PAL ともに 16:9 と 4:3 のフォーマットが用意されている

02
カメラを操作する

Blenderでは新規のシーンを作成すると、あらかじめ1つのカメラがシーンに配置されます。ここではカメラを操作する方法について解説します。

●サンプルデータ：Ch05-02.blend

STEP 01 カメラを動かしてみよう

　シーンに配置されている四角錐の上に三角のマークが付いているオブジェクトがカメラです。カメラは、ほかのオブジェクトと同様に選択して移動、回転させることができます。

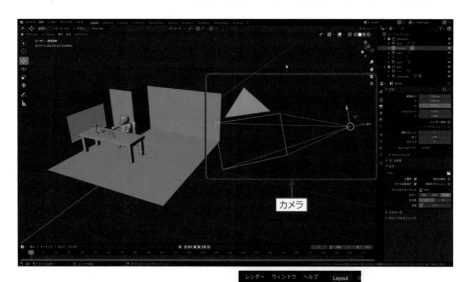

カメラ

　カメラは、ビューポートを四分割にすると、カメラの位置や角度を把握しやすくなります。また、ビューをカメラに切り替えることで、撮影している範囲がわかりやすくなります。ビューポートを四分割するには、ビューポートの［ビュー］をクリックし、［エリア］→［四分割表示］を選択します。

　ビューポートを四分割できたら、ユー

ザービューをクリックしてテンキーの「0」を押します。すると、ビューがカメラに切り替わります。ビューポートに表示される明るい部分の領域がカメラから見えている範囲になります。

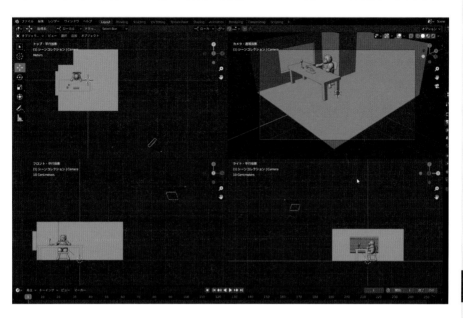

　カメラを操作する場合、デフォルトのグローバル座標ではカメラの方向と座標軸の方向が一致しないので、水平移動したり回転したりするときに不便です。そのため、カメラの位置や角度を操作するには、座標系を［ローカル］に切り替えておくと操作しやすくなります。

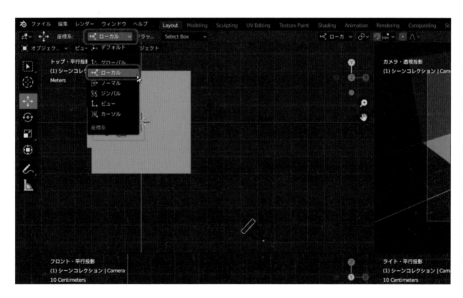

カメラの移動には［移動］ツールを使用します。カメラビューの構図を確認しながら、ほかのビューでカメラを移動させていきます。

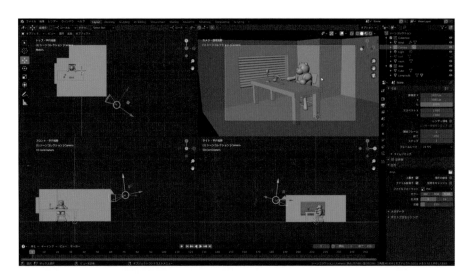

カメラの角度を変えたい場合は、［回転］ツールを使用します。［回転］ツールで思った角度で構図を作成するのは難しいですが、カメラビューを見ながら調整していきます。

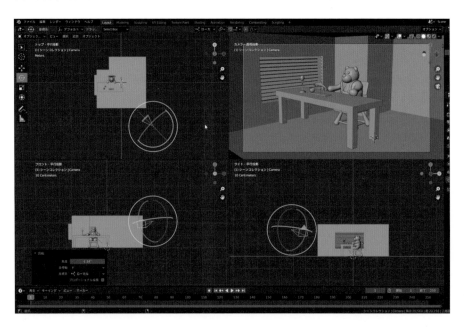

03
カメラを操作しやすくする

[移動]ツールや[回転]ツールでカメラを操作し、狙った構図にするの
は、慣れないと少し大変です。ここでは、ターゲットを動かすと、カメラ
がターゲットのほうを向くという仕組み（リグ）を作成してみます。

●サンプルデータ：Ch05-03.blend、Ch05-03-finished.blend

STEP 01 ターゲットにする オブジェクトを作成する

まず、カメラのターゲットとなるオブジェクトを作成し
ます。ターゲットには、シーンに配置してもレンダリング
されない「エンプティオブジェクト」を使用します。ビュー
ポートの［追加］をクリックして、［エンプティ］（バージョ
ン2.90では［Empty］）→［十字］を選択します。

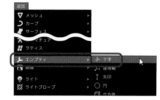

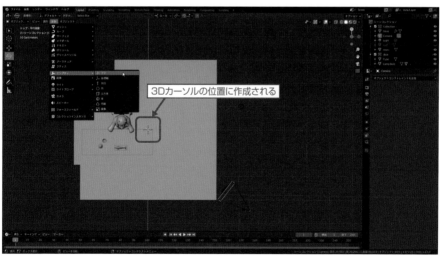

3Dカーソルの位置に作成される

シーンの３Dカーソルの位置に十字のエンプティオブジェクトが追加されます。

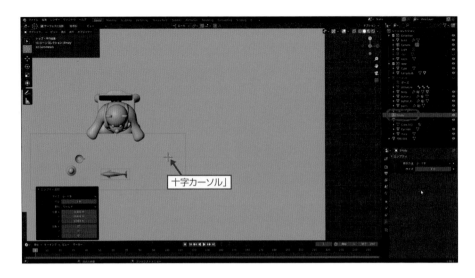

「十字カーソル」

カメラとターゲットを
コンストレイントで関連付けする

作成したエンプティオブジェクトをカメラのターゲットとして利用するには、[オブジェクト
コンストレイント] を使用します。コンストレイントを設定するため、カメラを選択します。

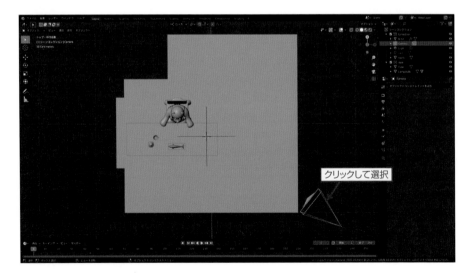

クリックして選択

[プロパティ] エディターの [オブジェクトコンストレイントプロパティ] ■ で [オブジェクト
コンストレイントを追加] （バージョン2.90では [Add Object Constraint]）をクリッ
クし、表示されるリストから [トラッキング] → [トラック] を選択します。

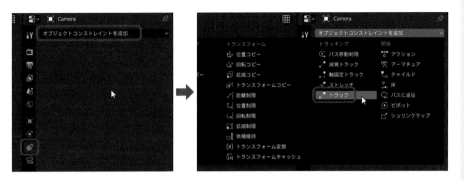

[トラック] が追加されたプロパティにある [ターゲット] のスポイトツール ▨ を使って、エ
ンプティオブジェクトをクリックして選択、もしくはアウトライナーから選択します。

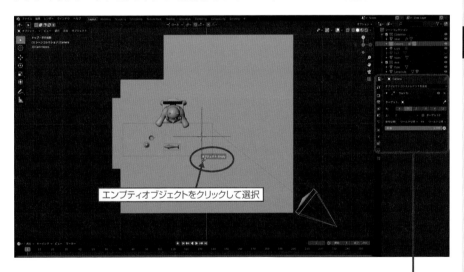

エンプティオブジェクトをクリックして選択

トラックを設定すると、カメラがまったく違う方向を向いてしまうので、[先] (ターゲットに対してカメラが向く座標)を「-Z」、[上] (カメラの上方向になる座標)を「Y」に設定します。

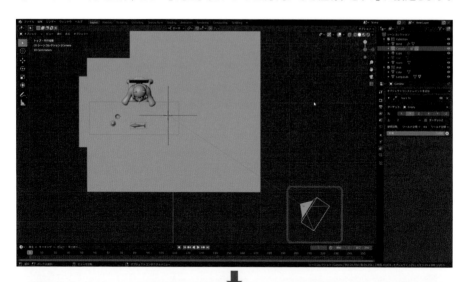

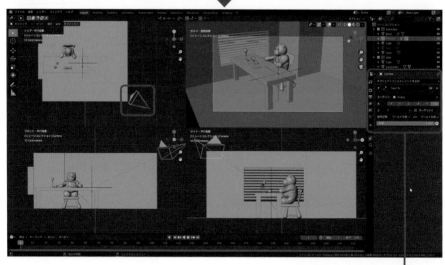

v2.9 **バージョン2.90の[トラック]プロパティ**

2.90の[トラック]プロパティでは、[上]の軸を選択する
際には表示されている軸のスイッチをクリックして選択す
るように変更になっています。また[先]は[トラック軸]
に変更されています。

　ターゲットを動かすと、ターゲットの動きに追従してカメラが回転するのがわかります。
ターゲットを選択しにくい場合は、アウトライナーから選択しましょう。

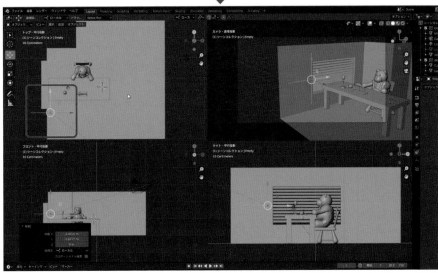

カメラを移動すると、常にターゲットのある方向を向きながら移動するのがわかります。

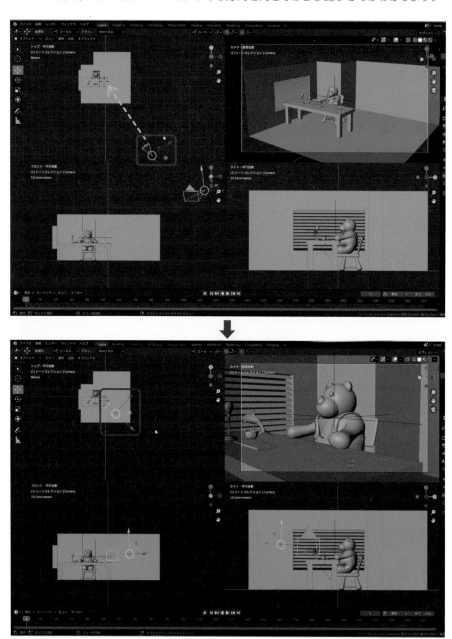

このように、オブジェクトコンストレイントを使ってカメラをターゲットに追従させると、カメラを操作しやすくなります。最終的に図のような構図にしました。

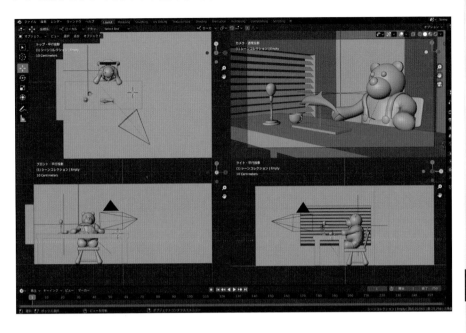

04
レンズを変えてみよう

カメラの設定で大切なのは、レンズの焦点距離の設定です。焦点距離の設定次第で、画の感じがまったく変わってきます。

レンズの「焦点距離」は、簡単に言ってしまうとカメラが映し出す範囲を設定するものです。一眼レフカメラやミラーレスカメラでは、レンズとレンズから入った光が像を結ぶ位置までの距離で画角が決まるので、CGの世界でも焦点距離という名称が使用されています。焦点距離の単位は mm になっています。

●サンプルデータ：Ch05-04.blend

STEP 01 焦点距離を変更する

焦点距離を変更するには、カメラを選択して、[プロパティ] エディタ　で、[オブジェクトデータプロパティ] をクリックして表示を切り替え、[レンズ] の中にある [焦点距離] の値を調整します。

数値を直接入力するか、フィールド内を左右にドラッグして数値を変更

焦点距離は、短くなるほど広角になり、映し出す範囲が広くなって遠近感が強調されます。逆に長くなると望遠になって、映し出す範囲が狭くなって遠近感がなくなっていきます。以下にいくつかの焦点距離による、見え方の違いを挙げておきます。すべてカメラの位置と角度は同じです。

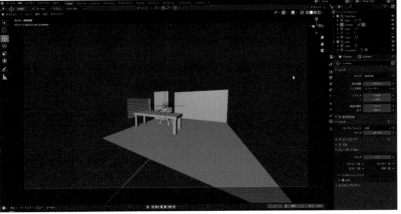

［焦点距離］「10mm」

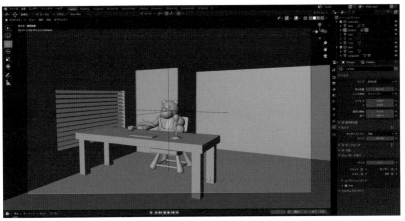

［焦点距離］「30mm」

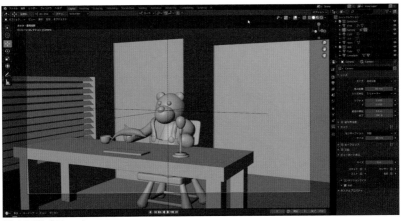

［焦点距離］「50mm」

［焦点距離］「100mm」

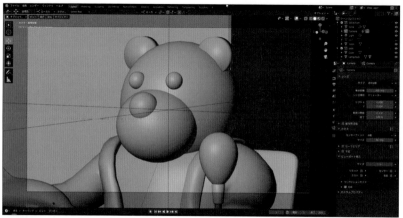

［焦点距離］「200mm」

焦点距離の
単位を変える

　カメラのレンズに詳しくない場合は、焦点距離の単位をミリメーターから角度に変更することができます。変更するには、［レンズ単位］をクリックして、［視野角］を選択します。［視野角］では、カメラから見える範囲を角度で設定できます。

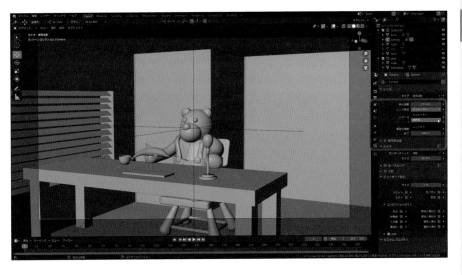

レンズ単位が変わって、角度で設定することができるようになります。

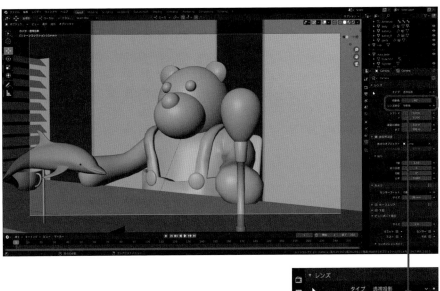

05
ピントを調整しよう

Blenderのカメラは、実際のカメラと同様にピントを調整することもできます。

●サンプルデータ：Ch05-05.blend

STEP 01 被写界深度を設定する

ピントを調整できるようにするには、[カメラ] プロパティの [被写界深度] にチェックを入れてオンにします。被写界深度は、ピントが合う範囲を設定することができます。

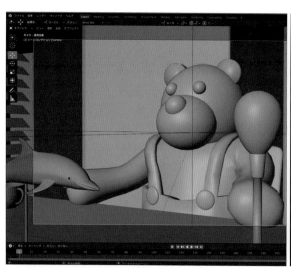

ピントの状態がわかりやすいように、ビューポートの表示を [マテリアルプレビュー] に切り替えます。

現状では全体的にピントが外れています。

　ピントを調整する一番簡単な方法は、[被写界深度]の[焦点のオブジェクト]（バージョン2.90では[Focus on Object]）で、ピントを合わせたいオブジェクトを選択します。選択するには、[焦点のオブジェクト]にあるスポイトツールでピントを合わせたいオブジェクトをクリックするか、■をクリックして表示されるオブジェクトのリストから、目的のオブジェクトを選択します。

　図はクマの鼻のオブジェクトをクリックした状態です。鼻の位置より手前と奥のピントが外れているのがわかります。

今度は手前の電球をクリックしました。電球より奥のピントが外れているのがわかります。このように被写界深度を調整することで、画の奥行き感を強調することができます。

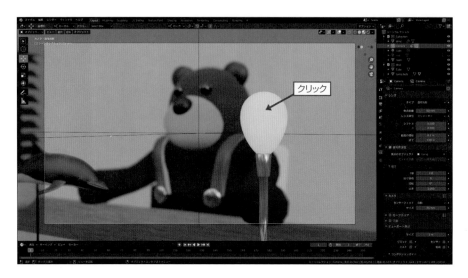

ボケ具合を
調整する

被写界深度の設定では、ピントが外れている部分のボケ具合（正確にはピントが合っている奥行き）を調整することができます。調整は［絞り］で行います。

ボケ具合は［F値］によって変化します。F値が小さくなると、ピントが合う奥行きが短くなり、大きくなるとピントが合う奥行きが長くなります。図はF値の違いによるボケ具合のちがいです。

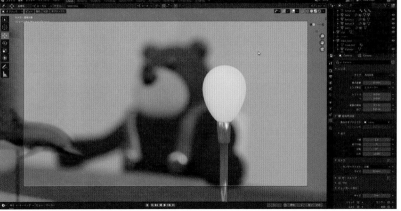

[絞り]「1.0」（手前の電球のみピントが合っている状態）

[絞り]「2.8」（イルカが少しはっきりとしてきた）

[絞り]「5.0」（電球とイルカまでピントが合う）

［絞り］「8.0」（熊のベルト、目鼻が次第にはっきりとしてきた）

［絞り］「12.0」（手前の電球から熊までピントが合った）

06

ライティング
してみよう

実写の撮影と同様に3DCGでもライティングが
クオリティアップの最終的なポイントになります。
ここではBlenderで
ライティングする方法を紹介します。

01
ライトの基本設定

Blenderのライトは、[プロパティ]エディターで、光の強さ、範囲、色など、さまざまな設定ができます。ここではサンプルを使って、ライトの基本的な設定について説明します。

● サンプルデータ：Ch06-01.blend

 STEP 01

ライトの
プロパティを表示する

下図のシーンに配置されている原点の周りに二重の点線が表示されているオブジェクトがライトです。このライトの設定を編集していきます。ライトもオブジェクトなので、選択して[移動]ツールや[回転]ツールを使って位置や角度を変更することができます。

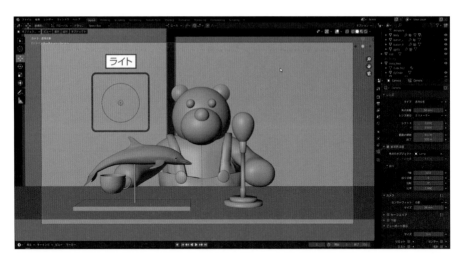

MEMO 新規で作成されたシーンにも、初めからライトが1つ配置されています。

ライトの設定を行うには、ライトを選択して[プロパティ]エディターでライトの[オブジェクトデータプロパティ]を選択します。

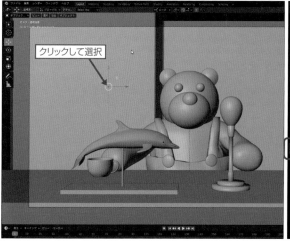
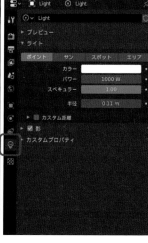


```
STEP
02
```
光の強さを変える

最初に光の強さを変更します。わかりやすいようにビューポートを [マテリアルプレビュー] に切り替えておきます。

シェーディングプレビューの一番右側をクリックしてオプションを開き、[3Dビューのシェーディング]の ∨ をクリックして表示されるメニューから [シーンのライト] にチェックを入れてオンにします。オンにすると、ビューポートでライトの設定を確認することができます。

光の強さを変更するには、[ライト] プロパティの [ライト] にある [パワー] で設定します。単位は W (ワット) になっています。初期の設定値は「1000w」になっています。

[パワー] の値を小さくすると暗く、大きくすると明るくなります。

[パワー]「50W」

[パワー]「100W」

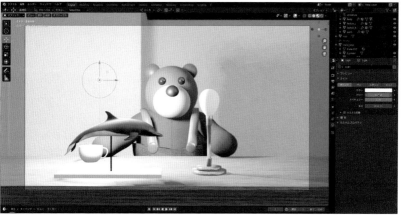

[パワー]「500W」

［パワー］「1000W」

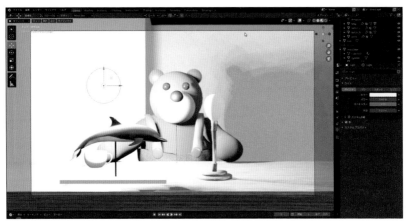

［パワー］「2000W」

スペキュラーへの
影響を調整する

　［ライト］にある［スペキュラー］の値は、光源がマ
テリアルのスペキュラー（→P.194「STEP 3 光沢
感を設定する」）にどれぐらい影響するのかを設定しま
す。値が小さくなると、マテリアルのスペキュラーの設
定によって生成されているハイライトが弱くなっていき
ます。

[スペキュラー]「1.0」

[スペキュラー]「0.5」

[スペキュラー]「0.0」

ライトの半径を
決める

Blenderでは [ライト] にある [半径] で光源の大き
さも設定することができます。光源を大きくしても、光
源の持っているパワーは変わらないので、光源の半径
が大きくなると暗くなっていきます。

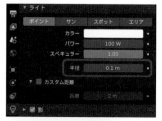

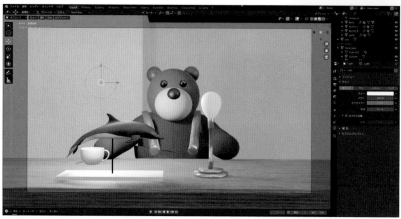

[半径]「0.1m」

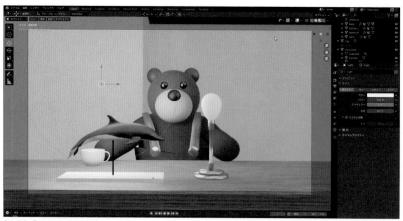

[半径]「0.5m」

[半径]「1m」

STEP 05 光の届く範囲を 設定する

部分的に明るくしたいというような場合、光源の影響範囲を制限する必要があります。そのような場合は、[ライト] の設定にある [カスタム距離] を使用します。[カスタム距離] にチェックを入れると、[距離] に値を入力することができるようになるので、光源の影響を受ける範囲の距離を入力します。

次ページの例は、わかりやすいように [3Dビューのシェーディング] で [シーンのライト]、[シーンのワールド] をともにオンにしています。

[シーンのライト] をオンにすると、ビューポートに設定された、ビューポート表示用の仮のライトではなく、シーンにオブジェクトとして配置されたライトを使ってライティングされます。[シーンのワールド] を使用すると、背景の明るさをデフォルトのグレーではなく、[ワールドプロパティ] で設定した背景色や背景テクスチャをもとにライティングされます。

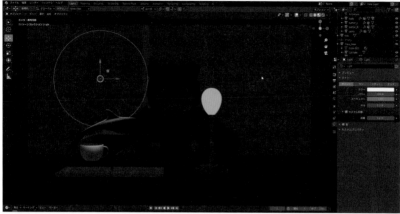

「0.5m」

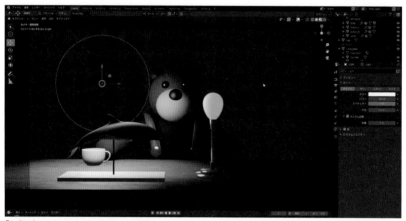

「1.0m」

「1.5m」

284

「2.0m」

STEP 06 ライトの色を設定する

ライトには光源の色を設定することができます。夕景の色や白熱電球、蛍光灯など、光源の色をコントロールすることで、シーンをさまざまに演出できます。光源の色は [ライト] の [カラー] で設定します。

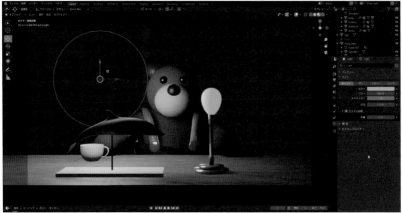

「オレンジ」

「オフホワイト」

「ブルー」

02
ライトの種類

Blenderでは4つの種類のライトが用意されています。ライトの種類を変更するには、[ライト]プロパティの[ライト]で設定します。

●サンプルデータ：Ch06-02.blend

———— ライトの種類を選択

ライトの切り替え

STEP 01 [ポイント]ライトを設定する

[ポイント]ライトは、シーンに最初から追加されているライトです。光源から360度あらゆる方向に光を照射します。電球やろうそくの光など、部分的に明るくしたい場合に使用します。

［サン］ライトを設定する

　［サン］ライトは、平行光源といって光源から一定の方向へのみ光が照射されるライトです。名前の通り、太陽光などを表現する際に使用します。

　ライトの方向は、［回転］ツールを使ってライトを回転させるか、ライトオブジェクトに表示されている黄色のハンドルをドラッグします。［角度］は、地球から見た太陽の大きさを求めるための角度なので、特に変更しなくても大丈夫です。

ライトの方向を変えた

STEP
03

［スポット］ライトを
設定する

［スポット］ライトは、光源から設定した角度の広がりを持った光束を照射します。

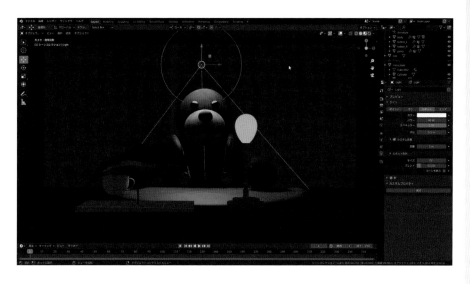

［スポット］ライトは、［スポット形状］の設定がポイントになってきます。［サイズ］では光が広がる角度、［ブレンド］は、明るい部分と暗い部分の境界のボケ具合を調整します。

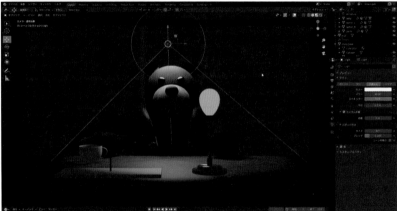

［サイズ］「90°」

［サイズ］「45°」

［サイズ］「75°」［ブレンド］「0」

［サイズ］「75°」［ブレンド］「0.5」

［サイズ］「75°」［ブレンド］「1.0」

［エリア］ライトを
設定する

　［エリア］ライトは、光源の形状が長方形などの形状になっているライトです。レフ板や、LEDライトのような面積のあるライトを設定するときに使用します。キャラクターをライティングするような場合に非常に使いやすいライトです。

　［エリア］ライトの形状は、［ライト］の［シェイプ］から選択します。［長方形］［正方形］［ディスク］［楕円］から選ぶことができます。

［長方形］

［正方形］

［ディスク］

［楕円］

03
基本的なライティング

キャラクターなど、立体感を強調したいようなシーンをライティングするには3つのライトでライティングする3灯照明というライティング方法が効果的です。

　3灯照明は影の出る方向を決めるメインライトのキーライト、暗部の明るさを補間するフィルライト、後ろからライトを照らして輪郭を強調するリムライトの3つのライトを使う照明方法です。

●サンプルデータ：Ch06-03.blend、Ch06-03-finished.blend

STEP 01 キーライトを設定する

　まず最初にキーライトを設定します。シーンの中のメインとなる光源はどこなのかを考えて、ライトオブジェクトを配置します。作例では、テーブルの上の電球をメインライトにしたいので、電球付近に［ポイント］ライトを設置しています。

［パワー］の値を少し上げて明るくします。ここでは
「60W」に設定しました。また、［カスタム距離］をオ
ンにして、後ろの壁があまり明るくならないようにしま
した。

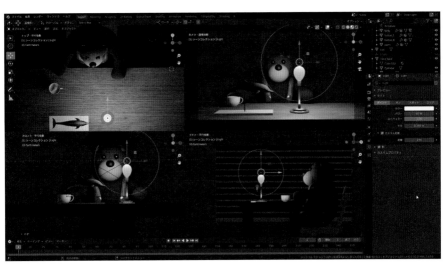

フィルライトを設定する

次に暗部の明るさを調整するためのフィルライトを設定します。ビューポートの［追加］か
ら［ライト］→［エリア］を選択します。

追加された［エリア］ライトを移動回転させて、クマの画面左側の暗部に光が当たるように配置します。

フィルライトはキーライトよりも、かなり［パワー］を弱くします。ここでは「4W」に設定しています。また、「カスタム距離」もオンにして壁が明るくならないように気をつけます。フィルライトの影がでないように、［影］はオフにしておきます。

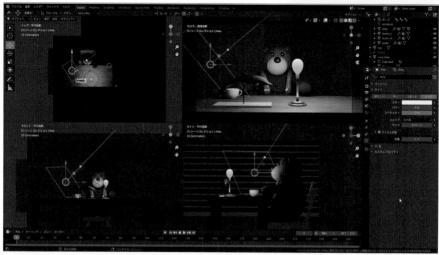

リムライトを
設定する

　次にリムライトを設定します。ビューポートの［追加］をクリックして［ライト］→［エリア］
を選択します。

　追加された［エリア］ライトを選択して、移動回転し、クマのオブジェクトの後ろからカメラ
方向にライトが向くように配置します。

［エリア］ライト

　［カスタム距離］をオンにして「1 m」に設定し、［影］
はオフにします。［パワー］も弱くして「5W」に設定し
ました。クマのオブジェクトの輪郭が明るくなったのが
わかります。

STEP 04 各ライトの[カラー]を調整する

　3つのライトを配置したところで、各ライトの[カラー]を調整します。それぞれのライトの色を変えることで、より雰囲気のある画を作ることができます。作例では、キーライトを少し黄色がかった色にして、フィルライトには青い色を設定しています。リムライトは赤みがかった黄色に設定しました。

　それぞれのライトの設定は以下の通りです。

キーライト

フィルライト

リムライト

07

シーンを
レンダリングしよう

シーンを画像や映像として利用するには、
「レンダリング」という工程によって出力します。
ここでは、シーンを画像としてレンダリングし、
出力する方法を解説します。

01
レンダリングするための共通設定

レンダリングは、「レンダーエンジン」と呼ばれる機能機能を使って行われます。Blenderには、EeveeとCyclesという2つのレンダーエンジンが用意されています。

Eevee と Cycles は、それぞれに特徴のあるレンダーエンジンですが、まずは 2 つのレンダーエンジンに共通の設定について解説します。解像度についてはカメラの設定で紹介しているので (→ P.254「5-01 撮影する解像度を設定する」)、そのほかの項目について紹介します。

●サンプルデータ：Ch07-01.blend

▶▶▶レンダーエンジンの切り替え

レンダーエンジンの切り替えは、[プロパティ] エディターの [レンダープロパティ] 🖼 で行います。

[レンダープロパティ] 🖼 の [レンダーエンジン] をクリックすると、用意されているレンダーエンジンのリストが表示されます。使用したいレンダーエンジンをこのリストから選択します。各レンダーエンジンの特徴を簡単に紹介します。

▶ Eevee

Eevee は、リアルタイムレンダリングができるレンダーエンジンで、物理ベース（光の処理が現実世界に近い）のマテリアルを使ってフォトリアルな画像を生成することができます。ビューポート上で最終結果に近い画像を確認できるので非常に効率よく画作りすることができます。

▶ Cycles

Cycles も物理ベースのマテリアルを使えるレンダーエンジンですが、「パストレーシング」という手法でレンダリングを行います。パストレーシングというのは、シーンにカメラから大量の光線を照射して、ピクセル単位で陰影を生成するための光や色の情報を計算します。リアルタイムでレンダリングすることはできませんが、柔軟にシェーダーの設定ができるため、自由な画作りをすることができます。

▶ Workbench

Workbenchは、モデリングやレイアウト、アニメーションなどの確認用のレンダーエンジンで、光の処理やマテリアルの処理をしないので、非常にすばやくレンダリングすることができます。あくまで確認用のレンダーエンジンです。

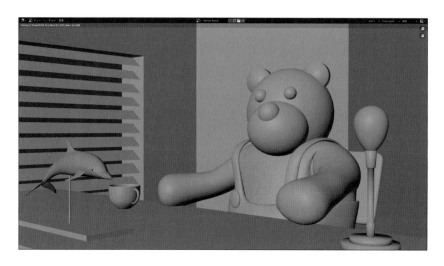

▶▶▶静止画のレンダリング

STEP 01 レンダリングを実行する

[出力] プロパティには、レンダリングしたファイルの出力先などを設定する項目がありますが、これらはアニメーションを保存する場合に使用します。静止画をレンダリングする場合は、[画像] エディターから保存します。レンダリングするには、カメラビューで構図を確認して、F12キーを押すか、[レンダー] メニューから [画像をレンダリング] (バージョン2.90では [Render Image]) を選択します。

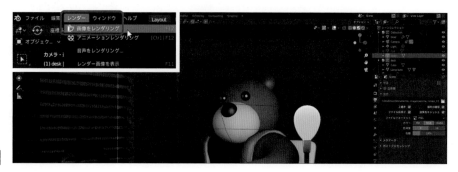

レンダリングが始まると、「Blenderレンダー」ウィンドウが開き、[画像]エディターにレンダリング結果が表示されます。

STEP 02 画像を保存する

レンダリングした画像を保存するには、[画像]エディターの[画像]をクリックして、[保存]を選択します。

「Blenderファイルビュー」ウィンドウが表示されるので、[ボリューム]で保存先のフォルダがあるボリュームを選択し、画面中央に表示されるフォルダをダブルクリックして、保存先のフォルダを開きます。

保存先のフォルダを開いたら、ファイル名を入力します。

出力するファイルフォーマットを
設定する

　[画像を別名保存] をクリックして保存する前に、ファイル形式を設定しておく必要があります。ファイル形式を設定するには、右にある [ファイルフォーマット] をクリックし、表示されるファイル形式のリストから選択します。

　ファイル形式には画像用のファイル形式と、動画用のファイル形式があります。さまざまなファイル形式が用意されていますが、PhotoshopやKritaといったペイントソフトや、After EffectsやNUKEといったコンポジットツールで加工する場合には、16bit以上の色深度が扱えて、アルファチャンネルを含むことができるPNGやTIFF、openEXRといった形式を選択するのがよいでしょう。ここではPNGを選択しました。

[カラー] では、出力する際に含むカラーチャンネルについて選択します。[BW] はグレースケール、[RGB] はアルファチャンネルなしのカラー、[RGBA] はカラーチャンネル+アルファチャンネルを出力します。ここでは [RGBA] を選択しました。

　[色深度] は画像の色数を設定します。8bitで1670万色、16bitで65,536³色を扱うことができます。画像加工や合成に使用する場合は「16」を選択しておきましょう。

　[圧縮] は、ファイルの圧縮率を設定します。圧縮率が高くなると画質が落ちてしまうので、なるべく圧縮は0%に設定しておきます。

　設定が済んだら [画像を別名保存] をクリックしてレンダリングされた画像を保存します。

画像にアルファチャンネルを設定する

アルファチャンネルは、画像のマスク情報（不透明な領域の設定）を含むチャンネルのことです。保存する際に［RGBA］を選択すると画像ファイルに含めることができます。ただし、Blenderではレンダリングした画像を保存する際に「RGBA」を選択しても、デフォルトの状態では保存された画像にアルファチャンネルが生成されません。背景が透過のアルファチャンネルとして保存するには、［レンダープロパティ］で設定が必要になります。

まず、［プロパティ］エディターを［レンダープロパティ］に切り替えます。

背景を透過してアルファチャンネルを付加するには、レンダーエンジンの違いで少し内容が違いますが、［レンダープロパティ］の［フィルム］で設定します。

［フィルム］にある［透過］にチェックを入れることで、背景を透過させてアルファチャンネルをファイルに付加させることができます。

Eeveeの［レンダープロパティ］

Cyclesの［レンダープロパティ］

［透過］にチェックを入れてレンダリングすると、ペイントソフトで開いたときに背景部分が透明になっているのがわかります。

オープンソースのペイントアプリKrita（krita.org/jp/）で開いた

STEP 05 背景の色を設定する

ここでは背景の色を変更する方法を紹介します。デフォルトでは濃いグレーになっていますが、場合によっては白くしたいというようなときもあります。

そのような場合は、[プロパティ] エディターの [ワールドプロパティ] で設定します。[サーフェス] が「背景」になっている状態で、[カラー] をクリックします。表示されるカラーセレクターで背景色にしたい色を選択すれば、背景の色を変更することができます。

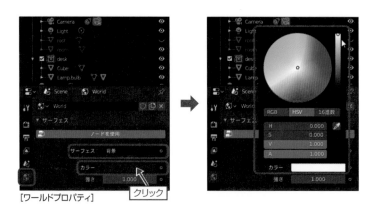

[ワールドプロパティ]

ただし、背景の色は、シーンに配置しているオブジェクトのマテリアルに対する写り込みに影響を与えるので、最終的な画の仕上がりを考えながら調整しましょう。

02
Eeveeを使ったレンダリング

Eeveeを使ったレンダリングは、[レンダープロパティ]の設定で結果が
かなり変わってきます。いくつかの主なプロパティを紹介します。

●サンプルデータ：Ch07-02.blend

STEP 01 サンプリングを調整する

[サンプリング]はレンダリングする際の処理の細か
さを設定します。数値が大きくなればなるほど、きれい
な画像になっていきます。

[レンダー]（レンダリング時のサンプリング数）と[プ
レビュー]（ビューポートで表示されるのときのサンプ
リング数）でサンプリング数を変えることができるの
で、レンダリング時にだけサンプリング数をあげること
もできます。生成される影のノイズなどに非常に影響
するので、用途に応じて設定します。

「Blenderレンダー」ウィンドウの[画像]エディター。[レンダー]を「5」に設定

[レンダー] を「10」に設定

[レンダー] を「30」に設定

[レンダー] を「64」に設定

［アンビエントオクルージョン］を
設定する

　［アンビエントオクルージョン］は、環境光がオブジェクトなどでどれぐらい妨げられているのかを計算し、柔らかい影を生成します。

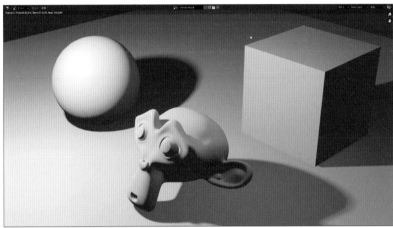

［アンビエントオクルージョン］をオン

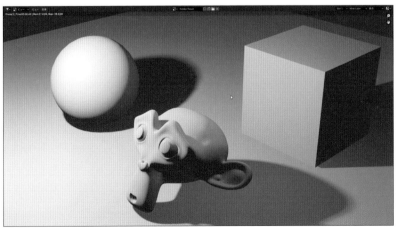

［アンビエントオクルージョン］をオフ

［ブルーム］を
設定する

　［ブルーム］をオンにすると、シーンの輝度の高い部分にグローを発生させることができます。大気感を強調したり、柔らかい光の雰囲気を表現したい場合に使用します。

［ブルーム］をオフ

［ブルーム］をオン

STEP 04 [スクリーンスペース反射]を 設定する

　シーンの環境がマテリアルに映り込んでいる状態を作成したい場合は、[スクリーンスペース反射] をオンにします。このプロパティをオンにしておかないと、マテリアルでスペキュラーやメタルの設定を行っても、環境を映し込むことができません。

[スクリーンスペース反射] オフ

[スクリーンスペース反射] オン

03
Cyclesを使ったレンダリング

Cyclesは、Eeveeのようなリアルタイムレンダリングはできませんが、レンダリング設定もシンプルで、マテリアルの設定が素直にレンダリング結果に反映されるので、わかりやすいレンダーエンジンです。

Cycles は Blender2.8x 以前からあるレンダーエンジンで、フィジカルベースのパストレーシングレンダーエンジンです。同じマテリアル設定でも、Eevee と Cycles ではレンダリング結果が変わってくるので、マテリアルの設定を行う際には、あらかじめどちらのレンダーエンジンを使用するか決めておくとよいでしょう。

●サンプルデータ：Ch07-03.blend、Ch07-03-finished.blend

STEP 01 サンプリングを設定する

Eevee同様、Cyclesでもサンプリングの程度を調整して、レンダリング時間とクオリティをコントロールすることができます。Cyclesには、[パストレーシング]と[分岐パストレーシング]の2つのサンプリング方法が用意されています。

[パストレーシング]は、1ピクセルに対して判定用のパスを設定した数だけ照射して、陰影の強さやベースカラーの色や強さといったディフューズ（拡散反射光）の要素を計算するレイトレーシングの手法です。[レンダー][ビューポート]ともに値が大きくなると、1ピクセルに対する処理が多くなるので、ノイズなどが少なくなります。

[分岐パストレーシング]では、[レンダー][ビューポート]の設定は、[パストレーシング]と同様ですが、[サブサンプル]の項目が追加され、[ディフューズ]や[光沢]といったパスごとのサンプリング数を設定することができるようになっています。光沢だけサンプリング数を減らしたり、AO（アンビエントオクルージョン。オブジェクトの接地面にできる柔らかい陰影）を特にきれいにしたい場合など、画作りに合わせた細かい設定を行うことができます。

※バージョン2.90ではデノイズ機能が加わっています（→P.322「バージョン2.90でCyclesに追加されたデノイズの機能」）。

［ベイク］を使用する

　Cycles特有の設定項目として［ベイク］があります。［ベイク］は、レンダリングされたときのディフューズや光沢、影などの状態をテクスチャに描き込んでしまう手法です。

　ベイクするオブジェクトはUV展開して、UVマップを作成し、画像テクスチャを適用しておく必要があります。ここでは、シーンの机の［ベースカラー］に適用されているテクスチャに光沢や影をベイクしてみます。

　まず準備として、ワークスペースを[Shading]に切り替えます。［3Dビューのシェーディング］は［レンダリングプレビュー］にしておきます。作例では、机のオブジェクトのUVは展開された状態になっています。

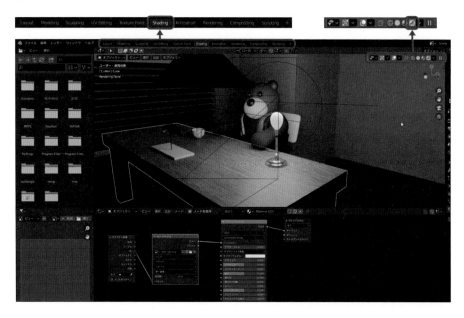

　［シェーダー］エディターの［追加］をクリックして、［テクスチャ］ → ［画像テクスチャ］を選択します。

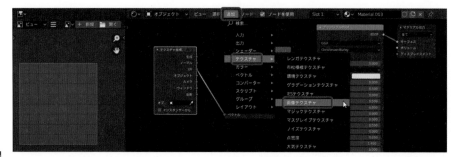

[画像テクスチャ] のノードが追加されるので、[新規] をクリックしてベイク用のテクスチャを作成します。

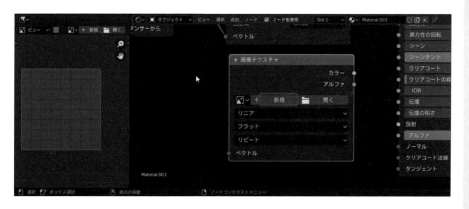

作成する画像テクスチャの設定が表示されるので、名前を付けて解像度を設定し、生成タイプを設定します。ここでは、[幅] を「1024」、[高さ]「1024」、[生成タイプ] を「ブランク」に設定しました。

[シェーダー] エディター左側の [画像] エディターで [リンクする画像を閲覧]  をクリックし、作成した画像テクスチャ名を選択して、画像テクスチャを表示します。

[レンダープロパティ] の [ベイク] を表示して、[ベイクタイプ] を [統合] に設定します。
[ベイク] をクリックすると、ベイク処理が始まります。

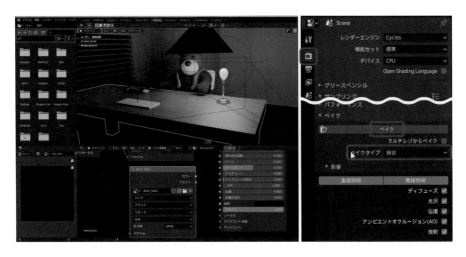

　処理が終わると、[画像] エディターにベイクされた画像テクスチャが表示されます。

　[画像] エディターの ☰ をクリックして表示されるメニューから [画像] → [保存] を選択
し、作成された画像テクスチャを保存しておきます。

新しく［シェーダー］エディターに追加された画像テクスチャノードを［ベースカラー］の入力に接続します（元の画像テクスチャノードの接続は自動的に解除されます）。

ほかのオブジェクトを非表示にしても影や光沢が表示されています。ライトの数が多くなったり、透過や反射が多くなるとレンダリング時間が長くなりますが、このように事前に影や光沢をテクスチャにベイクしてしまうことで、レンダリング時間の短縮になります。

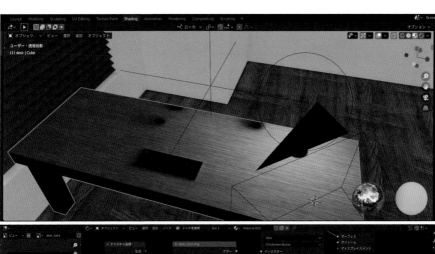

バージョン2.90では、Cyclesレンダーエンジンにデノイズの機能が追加されました。デノイズの機能を使うと、Cyclesでレンダリングしたときに発生するノイズを自動的に除去することができます。デノイズの設定は[レンダープロパティ]でレンダーエンジンを[Cycles]に切り替えて、[サンプリング]の[デノイズ]で設定します。

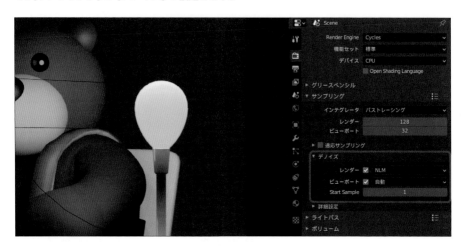

デノイズを使用するには、[デノイズ]の[レンダー]と[ビューポート]にチェックを入れます。[レンダー]はレンダリング時のノイズ除去、[ビューポート]はビューポート表示を[レンダープレビュー]に設定したときのビューポート表示のノイズ除去を行います。

[レンダー]にはデノイズの方法として、[NLM][OptiX][openImageDenoise]の3種類が用意されています。

[NML]は、[ビューレイヤープロパティ]の[デノイズ]の設定に応じて、レンダリングされるシーン全体を均等にノイズを除去していきます。

[OptiX]は、GPUを使用してAI処理によってノイズを除去していきます。

[openImageDenoise]は、AI処理によるノイズ除去ですが、CPUを使ってノイズを除去していきます。

処理能力の高いグラフィックボードを搭載している場合は[OptiX]、グラフィックボードが[OptiX]に対応していない場合は[openImageDenoise]または[NML]を使用するとよいでしょう。

デノイズの機能は、オブジェクトやマテリアルの状態によってはディテールがボケてしまうことがあるので、そのような場合はデノイズを使わず、レンダーのサンプリング数を増やしてきれいにしたほうがよい結果が得られます。

デノイズを使用していないレンダリング画像

NMLを使用

OptiX を使用

openImageDenoise を使用

[ビューポート] をオンにすると、[レンダープレビュー] 表示にしたビューポートの表示をノイズ除去することができます。[自動] [OptiX] [openImageDenoise] を切り替えることができます。表示には非常に処理時間がかかるので、必要なとき以外はオフにしておくとよいでしょう。

デノイズを使用していないビューポート表示

「自動」

「OptiX」

「openImageDenoise」

04
Freestyleで線画としてレンダリング

Blenderには、Freestyleというライン描画の機能が用意されています。FreestyleはEeveeでもCyclesでも利用することができます。

●サンプルデータ：Ch07-04.blend、Ch07-04-finished.blend

STEP 01 [Freestyle]をオンにする

Feestyleを使用するには、[レンダープロパティ] で ［Freestyle］にチェックを入れてオンにします。作例ではEeveeで設定しています。

ラインの幅を
設定する

　Freestyleをオンにすると、[ライン幅モード] を選
択することができるようになります。

　[絶対] は、どのような解像度でレンダリングしても
[ライン幅] で設定した太さでラインが描画されます。

　[相対] に設定すると、レンダリングする解像度に応じてラインの幅が変化します。高さ
480ピクセルが基準になっているので、ライン幅を1ピクセルとしたとき、高さ480ピクセ
ルであれば1ピクセル、高さ720ピクセルであれば1.5ピクセルで生成されます。

[絶対] オン／[ライン幅] 「1.0px」／1920×1080

[相対] オン／1920×1080

STEP 03 ラインセットを 作成する

ラインを生成するための条件などを設定するには、[プロパティ] エディターの [ビューレイヤープロパティ]■で設定します。

[エッジ検知オプション] で [クリース角度] で設定すると、隣り合う面と面の角度に応じてどこにラインを生成するかを設定します。

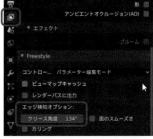

[エッジ検知オプション]：[クリース角度]「140°」

[エッジ検知オプション]：[クリース角度]「30°」

[カリング]にチェックを入れると、見えない部分のラインは生成されなくなります。レンダリング時間が早くなるので、チェックを入れておきましょう。

表現に応じて、ラインの設定のバリエーションを作成しておくことができます。ラインセットのリストにある ➕ でラインセットを追加、➖ でラインセットを削除します。

[可視性]では、見えない部分のラインを生成するかどうかを設定できます。[不可視] を選択すると、見えない部分のラインも生成して表示することができます。

[可視性]:[可視] オン

[可視性]:[不可視] オン

［エッジタイプ］では、ラインを生成する要素を設定することができます。

［エッジタイプ］:［シルエット］

［エッジタイプ］:［ボーダー］

［エッジタイプ］：［輪郭］

<table>
</table>

STEP 04　［ラインスタイル］を設定する

　［ラインスタイル］では、ラインの描画状態を設定することができます。ラインの色を変更するには、［カラー］を選択して、［ベースカラー］で変更します。

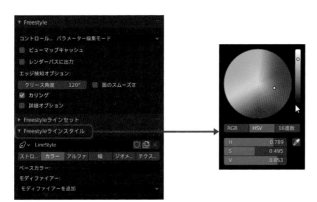

08

キャラクターを
動かそう

Blenderはアニメーションも作成できます。
最後の章では、キーフレームアニメーションの
基本と、キャラクターに動きを付ける方法を
紹介します。

01 ボールをアニメーションさせよう

キーフレームアニメーションは、動きや状態が変化するフレームにキーを打って、アニメーションを作成していく手法です。ここでは、ボールがバウンドするアニメーションを通じてキーの作成方法を説明します。

　CG アニメーションは、作画のアニメーションと同様に、1 フレームずつ違った画を連続的に表示して動いているように見せます。ただし、作画のアニメーションとは違って、動きの中の特徴的なポーズやオブジェクトの変換の状態を記録して、フレームにキーを作成します。キーとキーの間の値の変化は自動的に補間されるため、2 つのキーがあれば動きを作成することができます。このようなアニメーションの手法を「キーフレームアニメーション」といいます。それでは、ボールがバウンドするアニメーションを作成しながらキーの作成方法を紹介します。

●サンプルデータ：Ch08-01.blend、Ch08-01-finished.blend

STEP 01 ワークスペースを [Animation] に切り替える

　ここでは、図のように平面と球をシーンに追加しています。

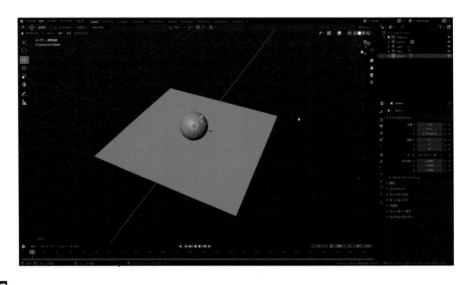

ワークスペースを [Animation] に切り替えます。[Animation] ワークスペースは、左側にカメラビュー、右側にユーザービュー、画面下部にオブジェクトに設定されたキーを管理する [ドープシート] エディターが表示されています。

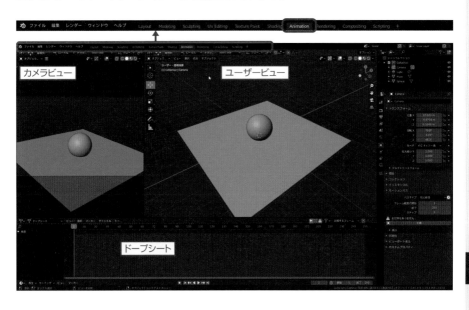

STEP
02
キーを
設定する

それでは早速、シーンに配置されているボールに動きを付けていきます。ボールの位置がわかりやすいようにユーザービューをフロントビューに切り替えておきます。

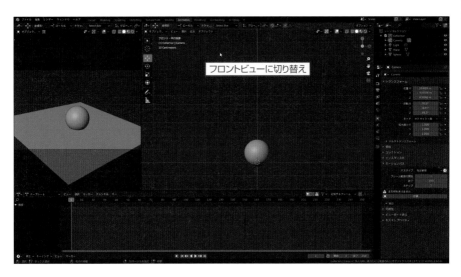

［ドープシート］エディターの上部に記載されている数字はフレーム数です。まずは再生ヘッド（青いハンドル）をドラッグして1フレーム目に移動しておきます。

ここで、［プロパティ］エディターを［出力プロパティ］に切り替えて、［フレームレート］が「24FPS」になっているか確認します。FPSは1秒間に何フレーム再生するかを定義します。24FPSであれば1秒間に24フレーム再生されることになります。映画やアニメ作品は基本的に24FPSで作成されています。再生するメディアによって30FPSや60FPSといったように決まったFPSがあるので、アニメーションを使用するメディアに応じて設定します。

H I N T　映像フォーマットによるFPSの違い

Blenderで作成した3DCGのアニメーションは、使用したいメディアによってFPSの設定が変わってきます。さまざまなフレームレートの設定がありますが、CGアニメーションを作成する場合は24fpsもしくは30fpsで作成するのが一般的です。主なメディアのFPSを紹介します。

[23.98fps]：映画やアニメ作品などをBlu-rayや放送用として出力する際に使用されます。CGアニメーション作成時には24fpsとして作成します。

[24fps]：映画やアニメ作品に使用されているフレームレートです。

[25fps]：欧州などPAL方式の放送で使用されているフレームレートです。

[29.97fps]：日本などNTSC方式の放送やDVDの規格に採用されているフレームレートです。CGアニメーション制作時には30fpsとして作成されます。

[30fps]：日本などNTSC方式の放送やDVDの規格に採用されているフレームレートです。

[50fps]：欧州などのPAL方式のハイビジョンなどのフォーマットで採用されているフレームレートで、25fpsよりもなめらかな動きの映像になります。

[59.94fps]：日本などのNTSC方式のハイビジョンなどのフォーマットで採用されているフレームレートで、Blu-rayや放送に出力する場合に使用します。CGアニメーション作成時には、60fpsとして作成されます。

[60fps]：日本などのNTSC方式のハイビジョンなどのフォーマットで採用されているフレームレートです。CGアニメーション作成時には、60fpsとして作成されます。

　ここでは、ボールがフロントから見て左から右へ弾むアニメーションを作成してみます。ボールのオブジェクトを選択して、[移動] ツールでビューポートの左上に移動します。

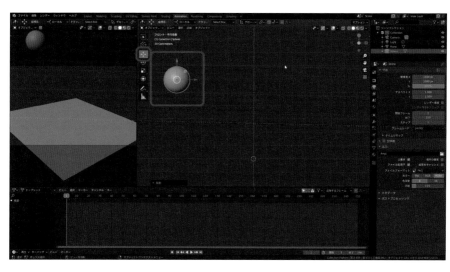

　ボールを選択したまま、Iキーを押すか、右クリックして [キーフレームを挿入]（バージョン2.90では [Insert Keyframe]）を選択します。[キーフレーム挿入メニュー] が表示されるので、[位置] を選択します。

［ドープシート］の再生ヘッドのある1フレーム目にキーフレームが作成されました。

キーフレームが作成された

次に、再生ヘッドを24フレーム目に移動します。ここでは、24fpsでアニメーションを作成することを前提としているので、1秒目の位置になります。

ボールを、フロントビュー中央の平面オブジェクトに接する位置に、［移動］ツールで移動します。

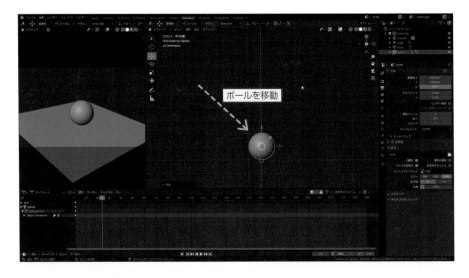

ボールを移動

I キーを押してキーフレームを挿入します。表示される [キーフレーム挿入メニュー] では
[位置] を選択します。

24フレーム目にキーフレームが作成されました。

キーフレームが作成された

最後に48フレーム目に再生ヘッドを移動し、ボールを右上に移動して、[キーフレーム挿
入メニュー] → [位置] でキーフレームを挿入します。

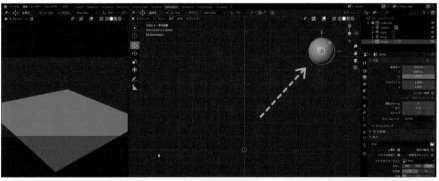

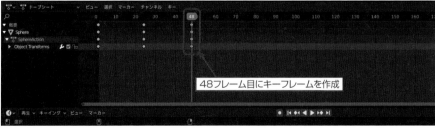

48フレーム目にキーフレームを作成

作成されたアニメーションを再生したい場合は、[ドープシート]エディターの下に表示されている、[タイムライン]エディターの[再生]ボタンをクリックします。

動きを
視覚化する

アニメーションの動きが速い場合は、ボールの軌跡を確認するのが難しくなります。そのようなときは、軌跡をパスとして表示・確認することができます。表示されるパスを「モーションパス」といいます。

まず、アニメーションを作成したボールのオブジェクトを選択して、[プロパティ]エディターの[オブジェクトプロパティ]■にある、[モーションパス]の項目を開きますⒶ。

次に、[パスタイプ]でモーションパスを表示する範囲を設定します。[指定範囲]は、設定したフレームの範囲で表示します。[フレーム周辺]は、再生ヘッドのあるフレームの前後のフレームを設定したフレーム数だけパスを表示します。ここでは[指定範囲]に設定しましたⒷ。

1から48フレームまでアニメーションが作成されているので、[指定範囲]の[フレーム範囲の開始]を「1」、[終了]を「48」、[ステップ]を「1」に設定しましたⒸ。

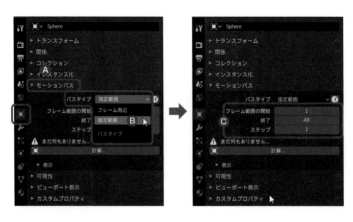

範囲の設定が終わったら、[計算]（バージョン2.90では［Calculate]）をクリックします。[オブジェクトパスを計算] が表示されるので、[OK] をクリックします。

選択したオブジェクトの動きがパスとして表示されました。

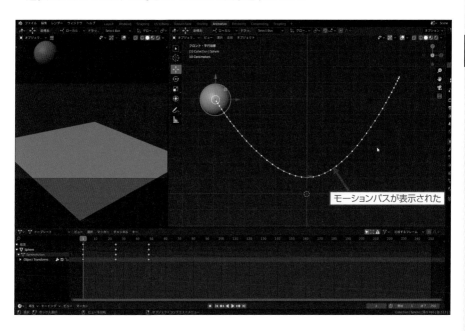

モーションパスが表示された

動きを
編集していく

　このままだとボールが弾んでいるように見えないので、動きを修正していきます。再生ヘッドを12フレームに移動します。

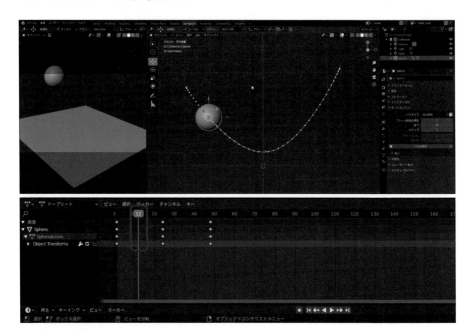

　ボールを［移動］ツールで移動します。

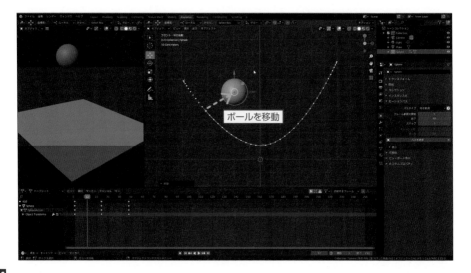

Iキーを押してキーフレームを挿入します。

モーションパスは、キーフレームを新たに作成しても自動的に修正されないので、[オブジェクト] プロパティの [モーションパス] にある [パスを更新] (バージョン2.90では [Update Path]) をクリックします。

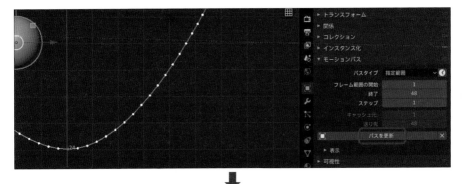

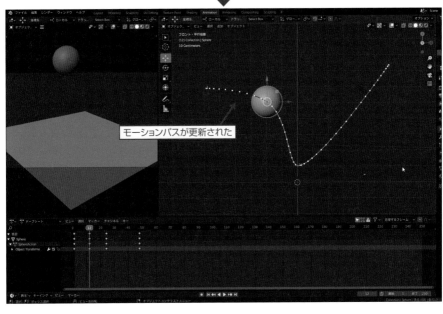

キーフレームを細かく挿入しながら、モーションパスを更新してボールが跳ねている軌跡になるように調整していきます。

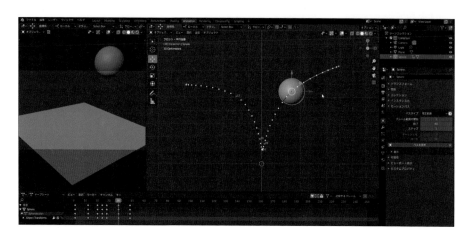

スピードを調整する

　ボールのスピードやタイミングを調整するには、作成したキーフレームを [ドープシート] 上で移動します。キーフレームに格納されている変換などのプロパティが一緒であれば、隣接するキーフレーム間のフレーム数が多ければゆっくり変化し、少なければ急激に変化します。

　キーフレームを移動するには、まず [ドープシート] 上でキーフレームをボックス選択で選択します。

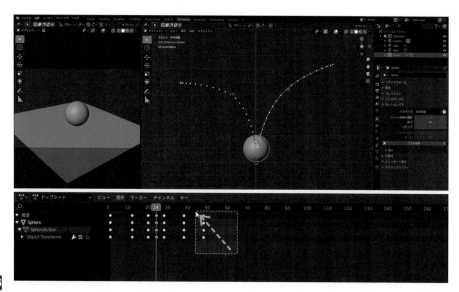

選択したキーフレーム上でドラッグして移動します。

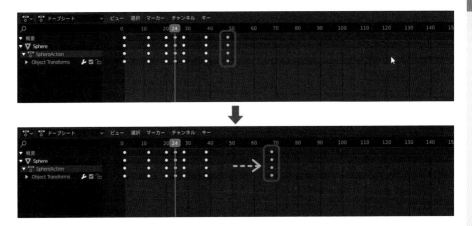

　作例では、キーフレームを右にドラッグして、キーフレーム間のフレーム数を増やしたので、モーションパスを更新すると、白いポイント（各フレームでの位置）の間隔が詰まって配置されているので、ゆっくりと動いているのがわかります。

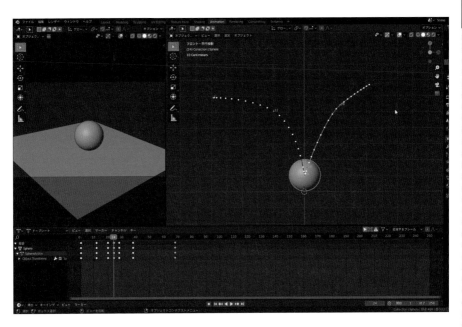

アニメーション全体の動きをゆっくりしたり、速くしたりする場合は［拡大縮小］ツール（バージョン2.90では［スケール］）を使います。まずボックス選択ですべてのキーフレームを選択します。

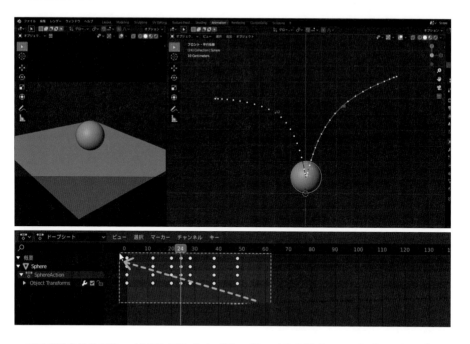

　ここでは全体的にゆっくりにしてみます。［ドープシート］の場合、ツールバーにある［拡大縮小］ツール（バージョン2.90では［スケール］）は使えないので、ショートカットキーのS+Xキーを押し、マウスを動かし、キーフレームの間隔を全体的に広げていきます。

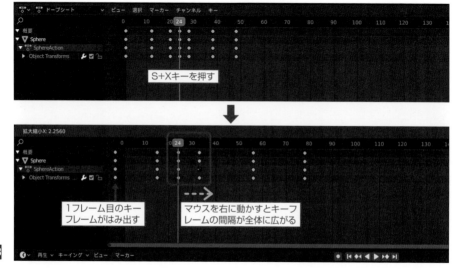

1フレーム目にあったスタート時のキーフレームの位置がずれてしまうので、キーフレームがすべて選択されている状態で、ドラッグしてスタート位置を合わせます。

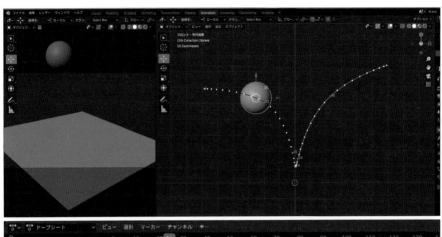

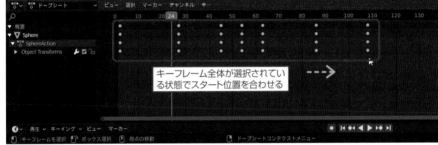

キーフレーム全体が選択されている状態でスタート位置を合わせる

N O T E **アニメーションの編集に[グラフ]エディターを使用する**

作成したアニメーションを編集するには、[ドープシート]だけではなく[グラフ]エディターを使って、動きを編集することができます。[グラフ]エディターを表示するには、[ドープシート]エディター左上の[エディタータイプ]をクリックして、[グラフエディター]を選択します。

［ドープシート］エディターが［グラフ］エディターに切り替わると、キーフレームが作成されているXYZそれぞれの位置パラメーターの変化がグラフとして表示されます。

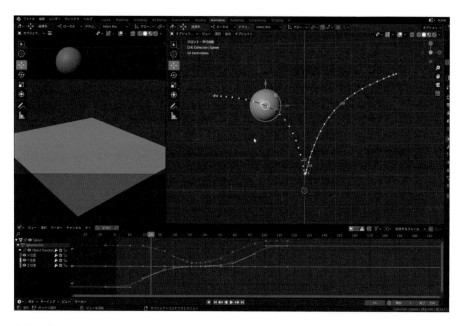

［グラフ］エディターは、キーフレームとキーフレームの間にどのような値の変化があるのかを確認できます。また、カーブはベジェカーブになっているので、キーフレームに表示されているハンドルを操作して、簡単にカーブの形状を編集できます。

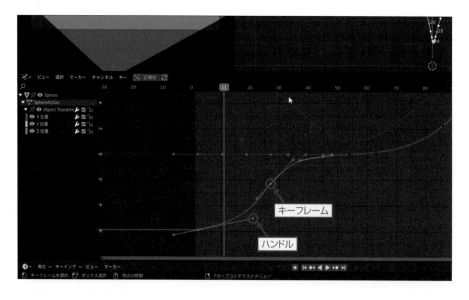

カーブの形状によって、キーフレーム間のスピードの変化が変わってきます。直線であれば等速で値が変化し、山なりの曲線では急激に加速減速します。緩やかなカーブの場合は徐々に加速減速することになります。

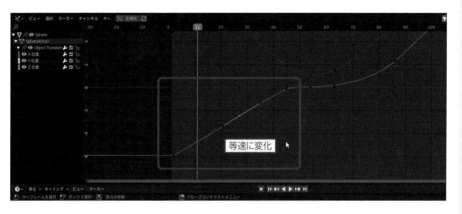

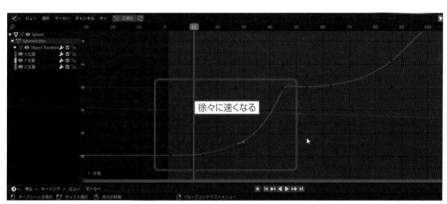

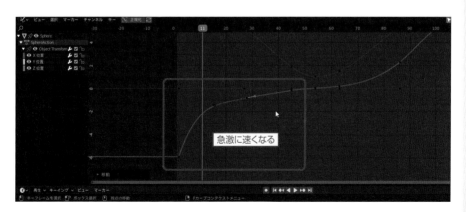

02
キャラクターにボーンを設定する

キーフレームアニメーションの基本がわかったところで、キャラクター
を動かしてみましょう。キャラクターを動かすには、キャラクターにボー
ンを追加して、動かすための仕組みを作成していきます。

●サンプルデータ：Ch08-02-01.blend、Ch08-02-01-finished.blend

▶▶▶ボーンの基本操作

　本節では、「ボーン」を使ってキャラクターを変形してポーズがとれるようにしてみましょ
う。ボーンは、その名前の通りキャラクターの中にある骨の役割をします。骨を動かすこ
とで皮膚となるオブジェクトを変形して、ポーズをとったり、アクションさせたりすることが
できます。ボーンとオブジェクトを関連付けるには「スキン」というモディファアを使用しま
す。スキンを使ってボーンとオブジェクトを関連付ける作業を「スキニング」といいます。
このスキニングの作業を簡単に説明してみます。

　たとえば、図のような円柱をボーンで変形させてみます。［編集モード］で確認すると、
この円柱にはループカットで多くの辺が挿入されています。オブジェクトは辺や頂点があ
る位置でしか曲がらないので、なめらかに変形したい場合は、多くの辺や頂点が必要に
なります。

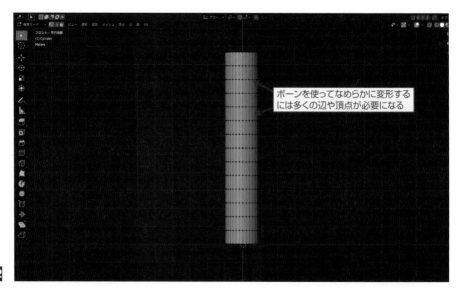

ボーンを使ってなめらかに変形する
には多くの辺や頂点が必要になる

ボーンを追加するには、[オブジェクトモード]に戻します。[カーソル]ツールを選択して、ボーンを追加したい位置に3Dカーソルを配置します。ここでは円柱の一番下に配置します。

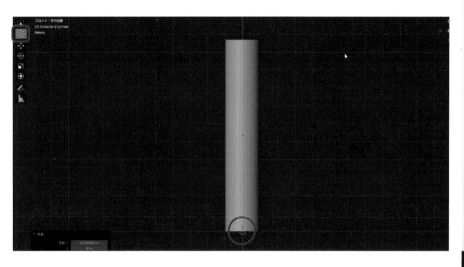

ビューポートの[追加]から[アーマチュア](バージョン2.90では[Armature])を選択します。

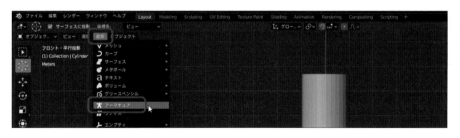

3Dカーソルの位置にボーンが追加されました。

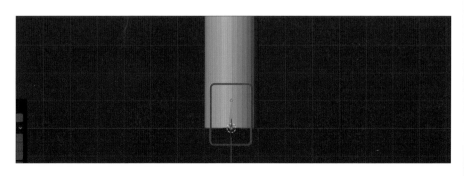

追加されるボーンは1本だけなので、このボーンを[編集モード]にして延長していきます。

ボーンを選択して、［編集モード］にします。

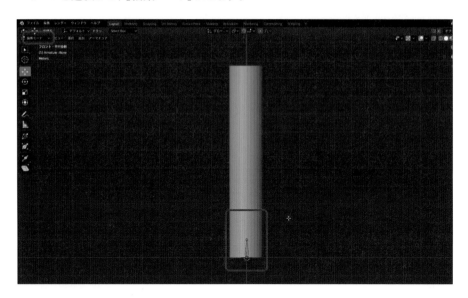

　円柱の辺の位置がわかりやすいように、ビューポートの表示をワイヤーフレームに変更します。

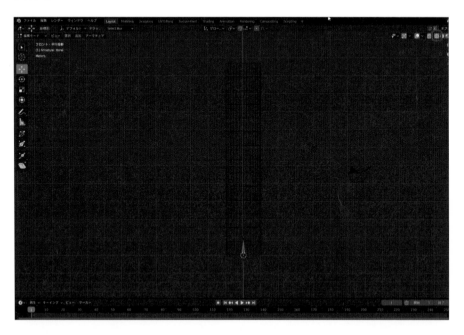

　［移動］ツールを使って、ボーンの先端部分（ティップ）を関節にしたい位置の辺まで移動します。

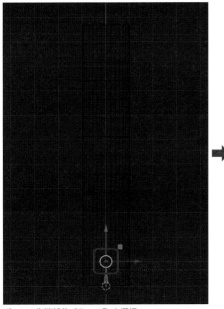

ボーンの先端部分（ティップ）を選択

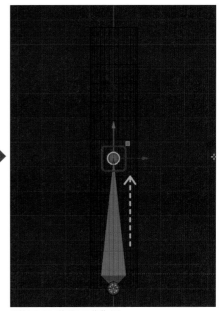

関節にしたい位置まで移動する

　ボーンを増やしたい場合は、Eキーを押し、マウスを動かして、次の関節にしたい位置までボーンを延長してクリックして確定します。

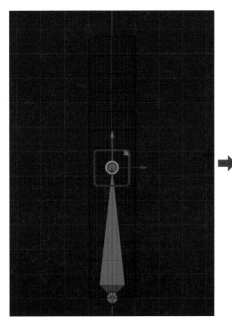

Eキーを押す

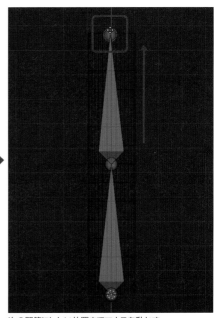

次の関節にしたい位置までマウスを動かす

ボーンを［オブジェクトモード］に戻し、［ビュー］から［エリア］→［四分割表示］を選択して、ボーンが円柱の中央に位置するように［移動］ツールで移動します。

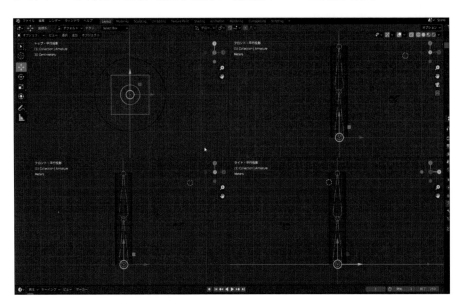

　ビューを元の1画面に戻して、フロントビューに切り替えます。スキニングして円柱とボーンを関連付けるため、円柱、ボーンの順番にShiftキーを押しながら選択します。

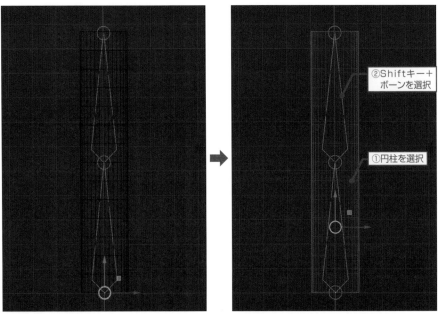

②Shiftキー＋
ボーンを選択

①円柱を選択

フロントビューに切り替える　　　　　　　　　　　　次の関節にしたい位置までマウスを動かす

［オブジェクト］から［ペアレント］→［自動ウェイトで］を選択します。

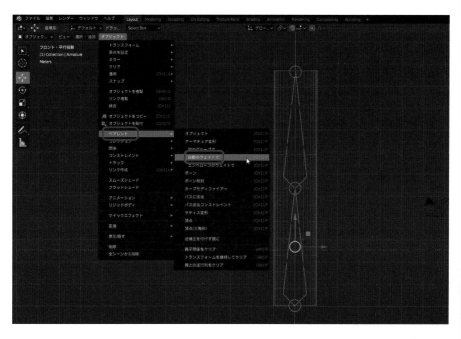

ボーンを選択して、［ポーズモード］に切り替えます。

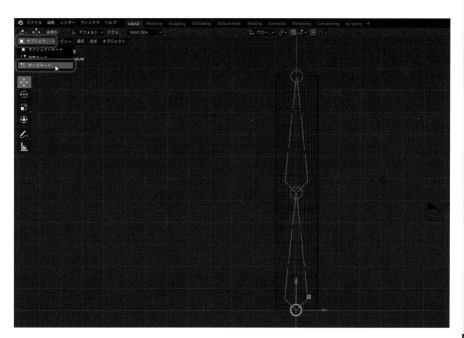

［回転］ツールでボーンを選択して回転すると、円柱もボーンに追従して曲がります。ボーンを使用すると、このようにオブジェクトに関節があるように変形させることができます。

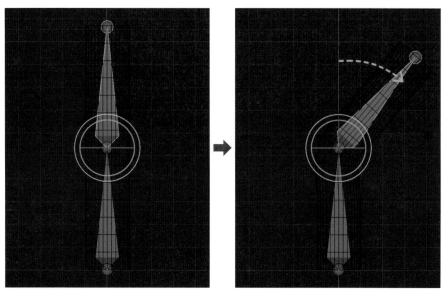

ボーンを選択する

ボーンを回転すると、円柱も追従して曲がる

H I N T　ボーンの構造について

作成したボーンをアウトライナーで確認すると、[Armature] の中のポーズという階層に格納されています。ボーンはＥキーを押して延長された順番に階層構造になっています。階層構造を確認するにはボーンの先頭に表示されている▶をクリックして展開していきます🅐。階層構造は親子関係ともいい、一番上になっているボーンが親、その下にあるボーンが子になっています。
親子関係が構築されていると親のボーンを移動させると、子の階層にあるボーンも一緒に動かせるようになっています。この階層構造は、ほかのオブジェクトでも構築することができ、アウトライナーで、子にしたいオブジェクトを親にしたいオブジェクトにShift キーを押しながらドラッグ＆ドロップするだけで🅑、階層構造を作成することができます🅒。

①子の階層にしたいオブジェクトを選択
②親にしたいオブジェクトにShift キーを押しながらドラッグ＆ドロップする

③選択したオブジェクトが、Sphereの子の階層に格納された

▶▶▶キャラクターにボーンを設定する

●サンプルデータ：Ch08-02-02.blend、Ch08-02-02-finished.blend

STEP 01 オブジェクトの構造を整理する

キャラクターにボーンを設定する前に、キャラクターの構造を整理します。ボーンはオブジェクトのメッシュの頂点と関連付けされるので、1つのオブジェクトに近い構造になっているほうが、あとの作業が楽になります。

まず、複数のオブジェクトで構成されている頭の部分を1つのオブジェクトにまとめます。頭部を構成するオブジェクトをすべて選択し、［オブジェクト］から［統合］を選択します。

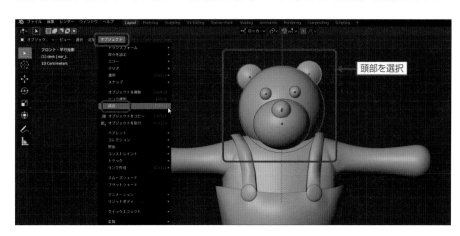

頭部を構成するオブジェクトが1つに統合されます。統合してもマテリアルの設定が壊れてしまうことはなく、個々の面に対するマテリアルの設定は保持されます。

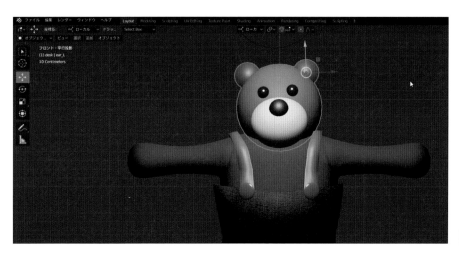

洋服のオブジェクトも、このようにすべて選択して統合します。

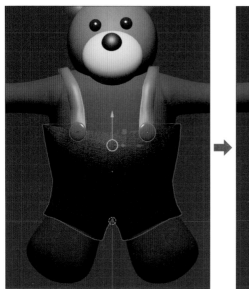
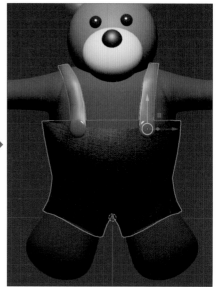

洋服のオブジェクトをすべて選択　　　　　　　　　　　　［オブジェクト］→［統合］で統合

必要のない面を
削除する

　ボディと洋服を1つにしたいのですが、その前に洋服の下にあって見えないボディの面を削除しておきます。ボディを［編集モード］にして、洋服に隠れている部分の面を選択します。ボディの面は、［面選択］にして［投げ縄選択］ツールを使うと選択しやすいでしょう。

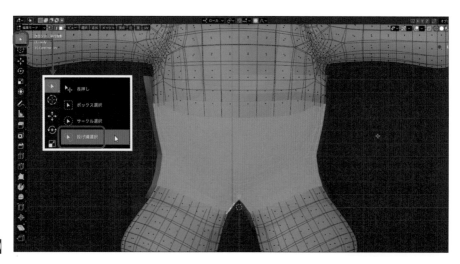

Xキーを押して、表示されるコンテキストメニューから「面」を選択します。

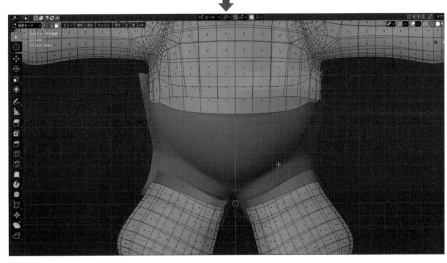

見えない部分の面が削除できたら、ボディと洋服を統合します。

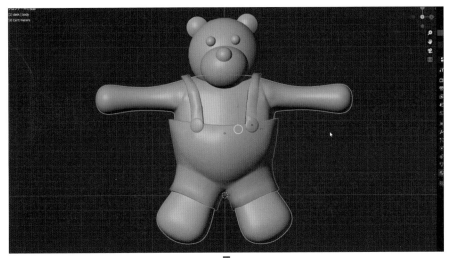

ボディと洋服を選択

[オブジェクト] → [統合] を選択

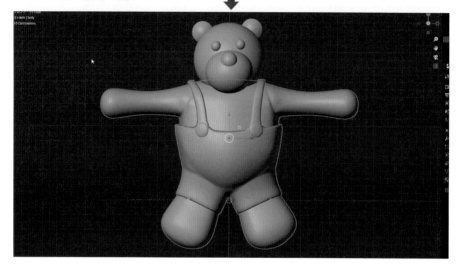

ボーンを
追加する

　キャラクターのオブジェクトの用意ができたところで、ボーンを追加していきます。ボーン
を追加するには、[追加] から [アーマチュア] （バージョン2.90では [Armature]）を選
択します。

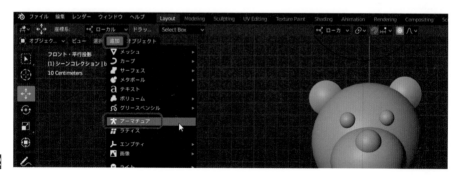

シーンにボーンが追加されます。

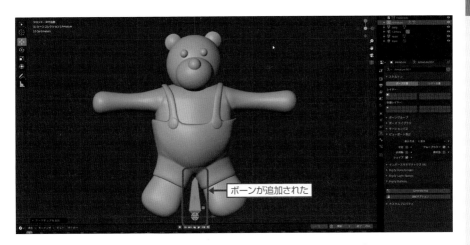

ボーンが追加された

ボーンはオブジェクトの内部に配置しないといけないのですが、このままだと確認しづらくなります。そこで、ボーンが一番手前に描画されるように設定します。

設定するには［プロパティ］エディターで［アーマチュアプロパティ］ を表示して、［ビューポート表示］にある［最前面］にチェックを入れてオンにします。

ボーンの位置がオブジェクトの中にあっても最前面に表示されるようになりました。

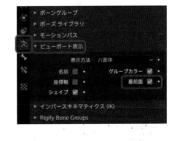

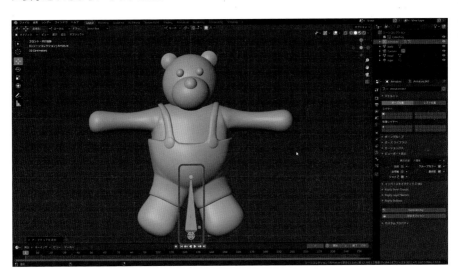

STEP 04 ボーンを 編集する

　ボーンは、キャラクターの関節の位置に合わせて、骨格のような構造になるように増やして
いきますが、ボーンを増やすには最初に作成したボーンを [編集モード] で延長しながら、
構造を作成していきます。

　現在作成されているボーンを選択して、[移動] ツールでキャラクターの骨盤の位置に移
動します。

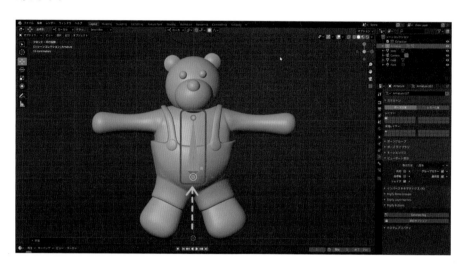

H I N T　ボーンを配置する場所の目安

ボーンを配置する場所の目安は、人間の骨格の関節位置を参考に、骨盤と脊椎が接続される位置
に、といいたいところですが、デフォルメされたキャラクターの場合難しいので、最初のボーン
は、両足の付け根から少し上がった中央の位置にするとよいでしょう。

　ボーンを編集するには、ボーンを選択して、[編集モード] に切り替えます。[編集モード]
にすると、ボーンを構成している要素をそれぞれ選択することができます。ボーンは 「ルー
ト」、「ボディ」、「ティップ」 の3つの要素で構成されています。

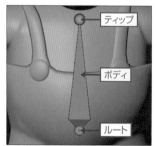

ティップ
ボディ
ルート

[編集モード] ではボーン各部を選択できる

作成されているボーンは少し長いので短くします。ボーンの長さを調整するには、ティップを選択して、[移動]ツールで移動します。

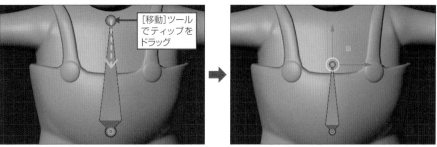

ティップを動かしてボーンの長さを調整

ボーンを追加するには、ティップを選択し、Eキーを押してマウスを移動して、関節にしたい位置でクリックします。

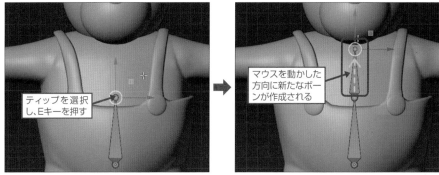

ボーンを追加する

ティップを選択して、Eキーを押しながら左腕の方向にボーンを追加していきます。

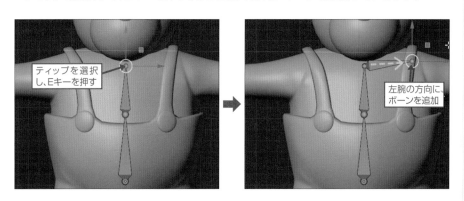

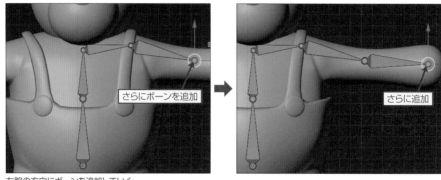

左腕の方向にボーンを追加していく

次に右腕の方向にボーンを追加していきます。こちらも同じように2番目のボーンのチップを選択して、Eキーで追加していきます。

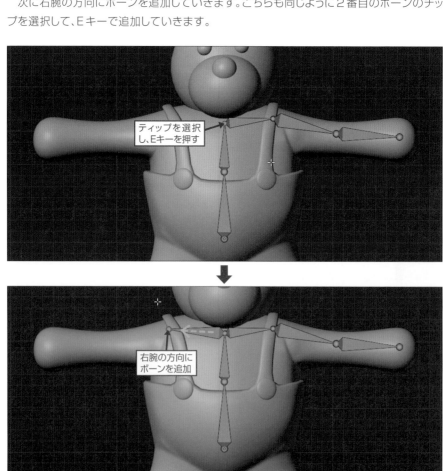

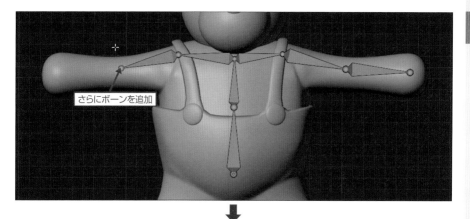

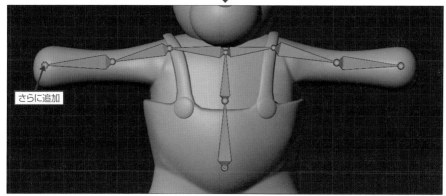

右腕にもボーンを追加

頭の方向にもボーンを追加しておきます。

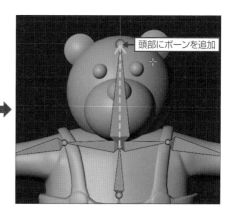

頭部にボーンを追加

さらにボーンを追加

さらに追加

ティップを選択し、Eキーを押す

頭部にボーンを追加

脚にもボーンを追加していきます。脚はルートを選択して、Eキーを押して伸ばしていきます。

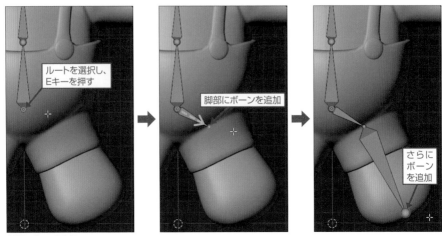

左脚にボーンを追加

　反対側の脚にもボーンを追加しました。

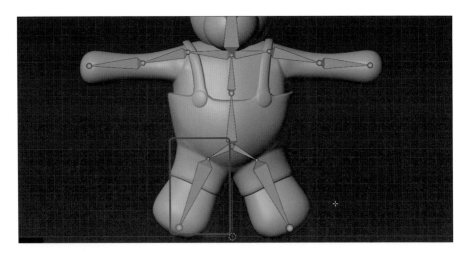

　全体のボーンが構成できたら、関節の位置を調整していきます。ティップがきちんと辺のある位置にないと、オブジェクトが思ったように曲がらないので注意しましょう。[編集モード] でティップを移動させると関節の位置を調整することができます。

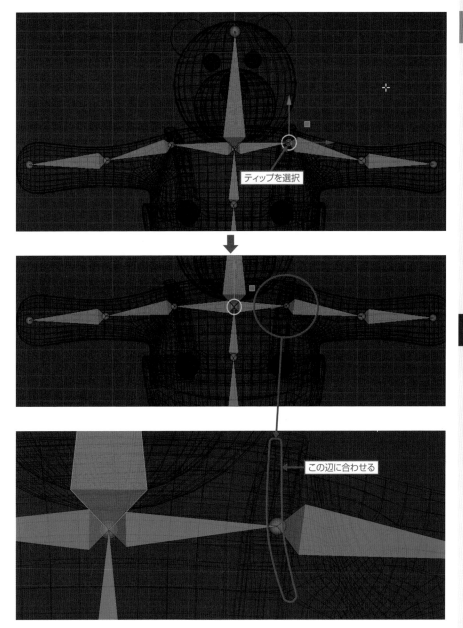

ティップを選択

この辺に合わせる

　四分割表示に切り替えて、ボーンがオブジェクトの中心にあるかチェックします。もしズレ
ている場合は、ボーンを［オブジェクトモード］に戻して、［移動］ツールで移動します。

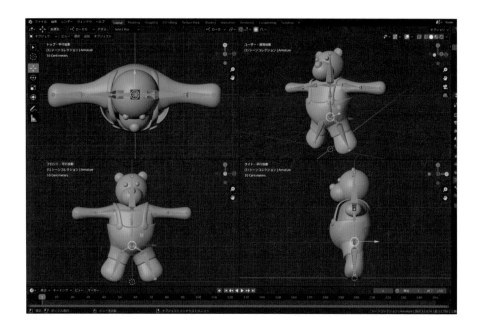

<table>
<tr><td>STEP
05</td><td>ボーンとオブジェクトを
関連付ける</td></tr>
</table>

●サンプルデータ：Ch08-02-03.blend、Ch08-02-03-finished.blend

　ボーンを使ってオブジェクトを変形できるように、ボーンとオブジェクトを関連付けします。まず、ボディのオブジェクトを選択し、次にShiftキーを押しながらボーンを選択します。選択する順番が大切なので間違えないようにします。

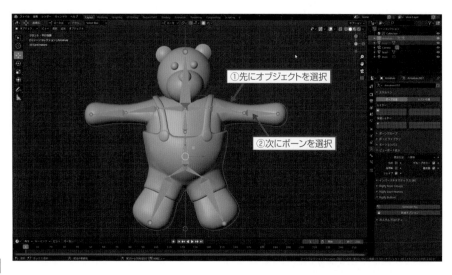

①先にオブジェクトを選択

②次にボーンを選択

ビューポートの [オブジェクト] をクリックして、[ペアレント] → [自動のウェイトで] を選択
します。

ボーンを選択して、[ポーズモード] に切り替えます。

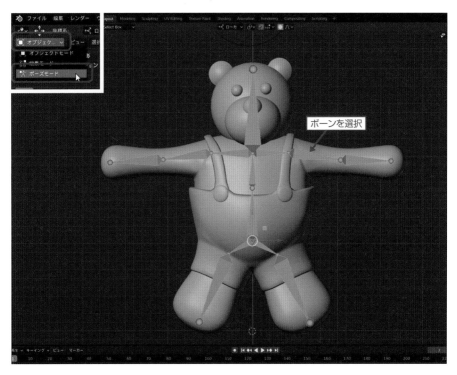

ボーンを選択

ボーンを個別に動かすことができるようになるので、ボーンを選択して［回転］ツールで
回転させます。

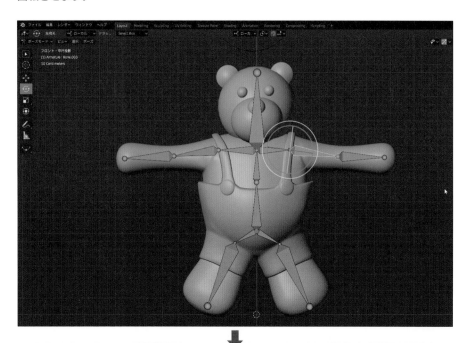

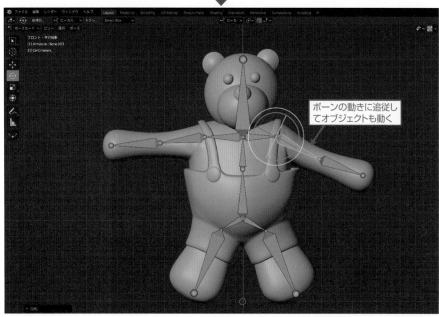

ボーンの動きに追従し
てオブジェクトも動く

STEP 06 頂点ウェイトを 編集する

[ポーズモード]でボーンを操作すると、作例のようにボーンに追従しない頂点があります。

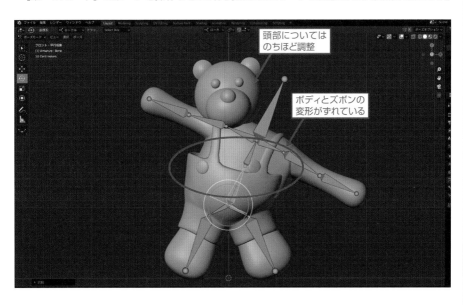

このような場合には、ボーンに対する「頂点ウェイト」(→次ページ「HINT 頂点ウェイト」)の設定を編集します。ウェイトを調整するには、ボーンを[オブジェクトモード]に戻して、ボディのオブジェクトを選択します。

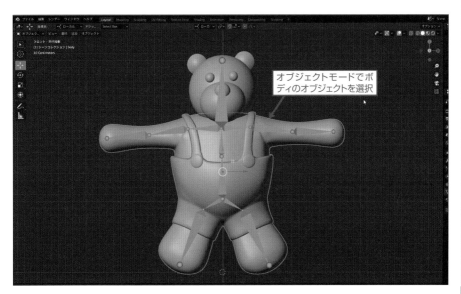

［ウェイトペイント］モードを選択します。

　［ウェイトペイント］モードになると、次の図のようにボーンの影響の強さが色で表示されます。赤が1、青が0です。影響を与えているボーンは、［オブジェクトデータプロパティ］🔽の［頂点グループ］に表示されているボーンの名前のついた「頂点グループ」（→以下「HINT 頂点グループ」）を選択するとわかります。作例では、「Bone」が選択されているので、最初に作成した腰部分のボーンの影響範囲になっています。

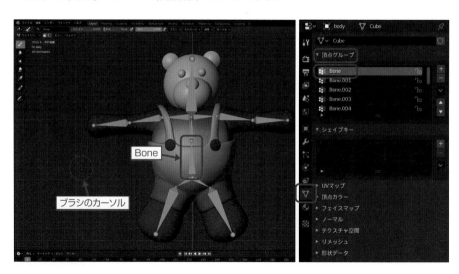

HINT　頂点ウェイト

自動ウェイトでボーンと関連付けされると、ボーンと頂点がどれぐらいの強さで関連付けされているのかが、数値で設定されます。強さが弱ければボーンが動いても頂点が追従しません。このボーンと頂点との関連付けの強さの値を「頂点ウェイト」と言います。

HINT　頂点グループ

Blenderでは頂点ごとにグループを作っておくことができます。この頂点のグループを「頂点グループ」といいます。頂点ウェイトが設定された頂点は、関連付けされているボーンごとに頂点グループが作成されています。

［ウェイトペイント］モードでは、ブラシ（［ドロー］ツール）を使ってボーンの影響度をオブジェクトの頂点にペイントすることができます。

ブラシの設定はビューポートの上部に表示されています。［ウェイト］はブラシで頂点にペイントするウェイトの値です。［半径］はブラシの半径、［強さ］はペイントの強さを設定します。［半径］と［強さ］はそれぞれの項目の右にある［筆圧］のアイコン■をクリックすることで、タブレットを使用したときに筆圧による値の変化に対応しています。

ブラシ（［ドロー］ツール）の設定

［ウェイト］が「1」のときは赤く塗られ、ボーンの影響が最大になり、ボーンの動きに頂点がぴったり追従します。［ウェイト］が「0」のときは青くペイントされ、頂点へのボーンの影響は最小になり、ボーンを動かしても頂点は全く追従しなくなります。

頂点ウェイトの強さは、赤→緑→青のグラデーションで表示されるので、頂点グループに表示されているボーンごとの頂点グループを選択して切り替えながら、ボーンを動かしたときに頂点がきれいに動くように「ウェイト」の値を調整しながらペイントしていきます。

ここでは、［ウェイト］を「1」に設定して、赤くペイントしていきます。頂点グループで「Bone」が選択されているのを確認します。

「Bone」によって変形させたいお腹の部分をペイントしていきます。

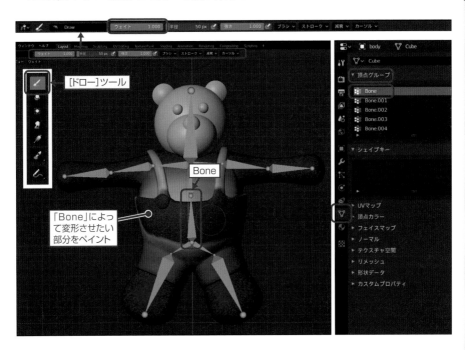

ビューを回転させながら、背面部分もペイントしていきます。

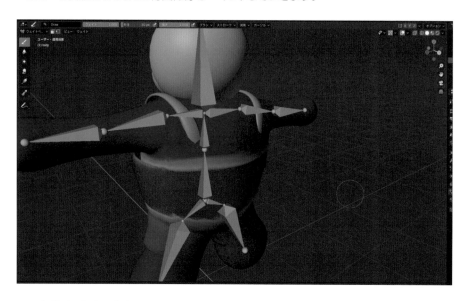

一度ボディを［オブジェクトモード］に戻して、ボーンを選択して［ポーズモード］に切り替えます。「Bone」を回転してオブジェクトを変形してみると、このようにボタンの裏側の部分など、ウェイトがキチンとペイントされていないので、頂点がボーンに追従していない部分があるのがわかります。

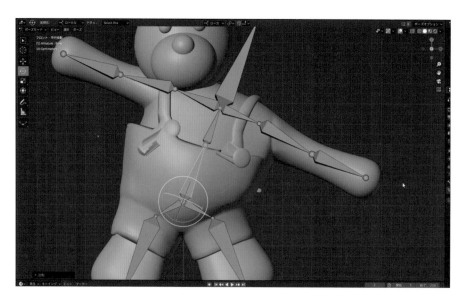

ボーンを回転させた状態で［オブジェクトモード］に切り替え、オブジェクトを選択して［ウェイトペイント］モードに切り替えて、不完全な部分をペイントしていきます。

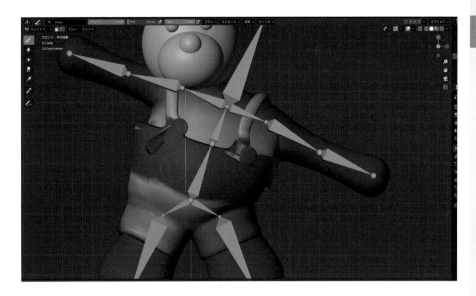

　このような作業を頂点グループごとに繰り返していきます。関節周辺は、隣接するボーンの頂点グループを切り替えながら、ウェイトの値を細かく調整してペイントしていきます。

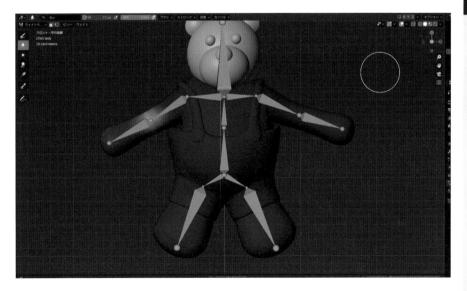

　ペイントしていくと、ウェイトがなめらかに塗られない場合があります。そのようなときは[ウェイトペイント]モードの[ぼかし]ツールでドラッグしてなじませるときれいにウェイトをペイントすることができます。

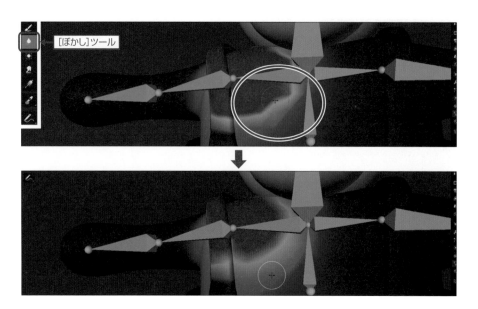

[ぼかし]ツール

　頭部のようにまったく変形しない硬い形状のオブジェクトは、ボディに使用したボーンを
[オブジェクト] → [ペアレント] → [自動のウェイトで] で関連付けしたあとに、頭部の位
置にあるボーンの頂点グループ以外の頂点グループを [オブジェクトデータプロパティ] ▽
の [頂点グループ] で選択し、■をクリックして削除します。

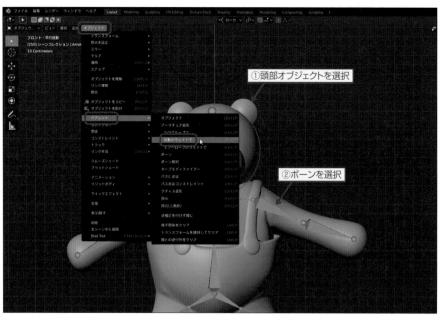

①頭部オブジェクトを選択

②ボーンを選択

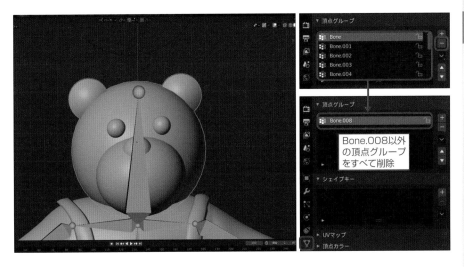

Bone.008以外の頂点グループをすべて削除

頂点グループを整理できたら、頭部を選択して［ウェイトペイント］モードに切り替え、［グラデーション］ツールを使って、頭部全体のウェイトが「1」になるようにペイントします。

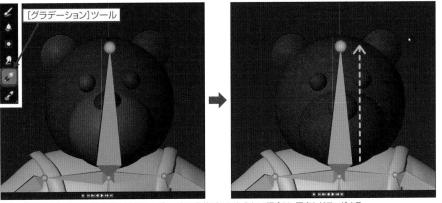

［グラデーション］ツールで下から上にドラッグ。一度で全体が1にならない場合は、何度かドラッグする

　ボーンを［ポーズモード］に切り替えて、ボーンを回転させながらさまざまなポーズをとってみて、変形に破綻がないか確認していきます。思わぬ場所の頂点にウェイトが入ってしまっている場合もあるので、頂点グループを切り替えながら、［ドロー］ツールや［ぼかし］ツールでウェイトの値を調整していきましょう。

　ウェイトペイントツールには、［ドロー］ツールや［ぼかし］ツールのほかに、［平均化］ツールや［にじみ］ツールなども用意されています。

　［平均化］ツールは、ブラシの大きさの範囲にあるウェイトを平均化してペイントすることで、ウェイトをなめらかにします。

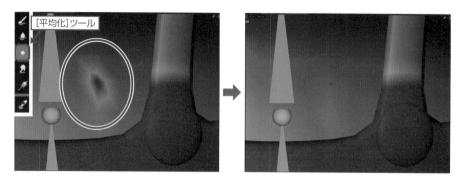

［にじみ］ツールは、ブラシの大きさの範囲にあるウェイトをドラッグすることで、ウェイトの範囲を広げていきます。

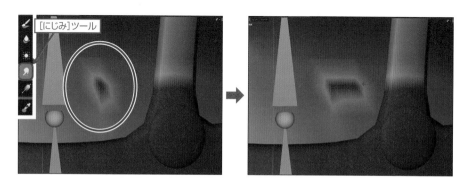

ポーズ違い

図はポーズをいくつか付けてみた状態と、ボーンごとの頂点ウェイトの状態です。左右対称のオブジェクトはウェイトも左右対称にします。

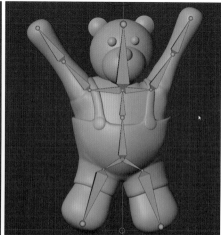

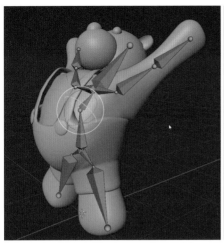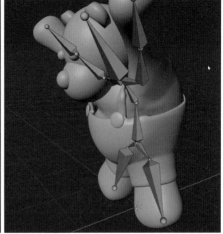

頂点ウェイトの状態

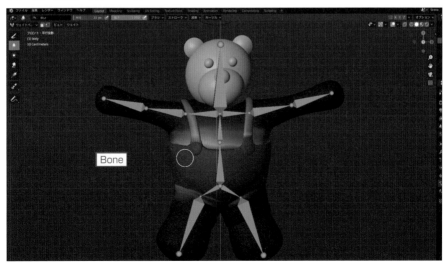

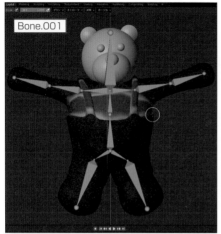

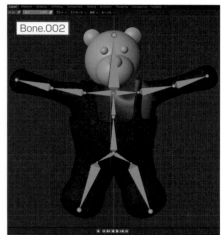

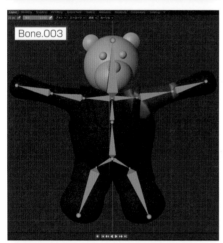

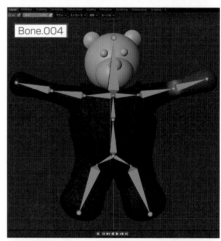

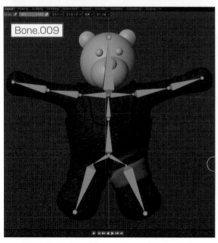

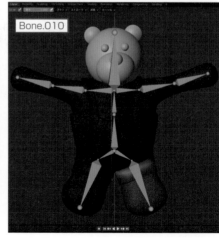

03
キャラクターを動かしてみよう

キャラクターのモデルにボーンを仕込んだら、このキャラクターを簡単に動かしてみましょう。ここでは手を振るモーションを作成してみます。

●サンプルデータ：Ch08-03.blend、Ch08-03-finished.blend

STEP
01
ワークスペースを
[Animation] に切り替える

ボーンのセットアップがすんだキャラクターのモデルを開いたら、ワークスペースを [Animation] に切り替えます。

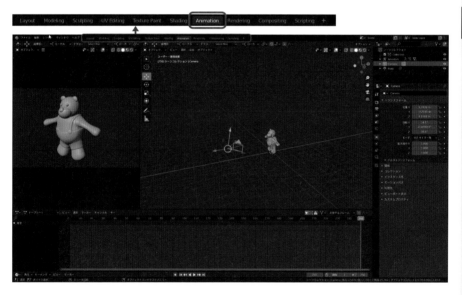

ユーザービューになっているビューポートはフロントビューに切り替えておきます。

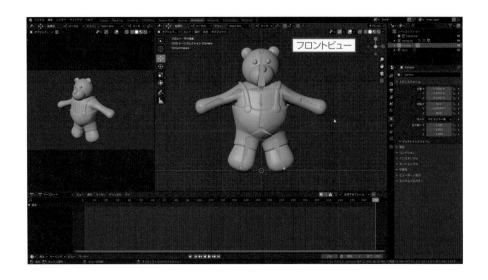

ボーンを
[ポーズモード]に切り替える

　ボーンを仕込んだオブジェクトの場合、ボーンに対してキーフレームを作成していきます。ボーンが[オブジェクトモード]のままでは、個々のボーンにキーフレームを作成することができないので、[ポーズモード]でアニメーションを作成していきます。

　ボーンを選択して、[ポーズモード]に切り替えます。

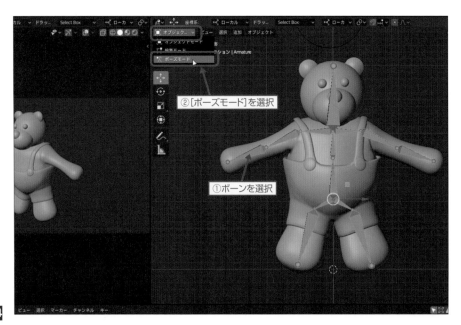

②[ポーズモード]を選択

①ボーンを選択

ポーズを作って
キーフレームを作成する

　キャラクターのアニメーションを作成する場合は、モーションのポイントとなるポーズを
作成して、そのポーズをキーフレームとして保存します。1フレーム目に初期ポーズを作成
したいので、[ドープシート] の再生ヘッドを1フレーム目に移動しておきます。

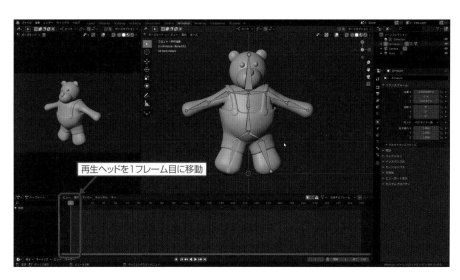

　ボーンを選択して、[回転] ツールを使って回転させながらモーションの初期ポーズを作
成します。

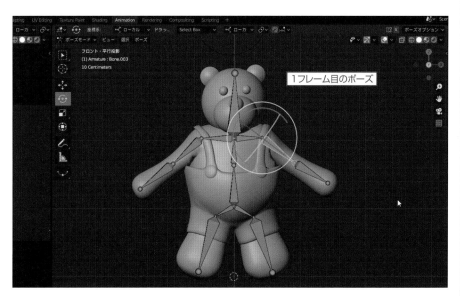

ボーンを［ボックス選択］ツールなどを使ってすべて選択します。

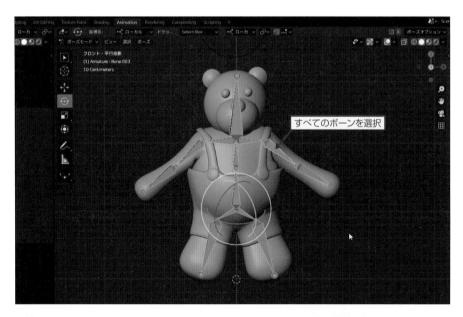

$\overset{アイ}{I}$キーを押して、［キーフレーム挿入メニュー］から「回転」を選択します。

　［ドープシート］の1フレーム目にキーフレームが作成されました。ボーンは［Armature］
（アーマチュア）という項目で分類されます。［ドープシート］の［Armature］にある
［ArmatureAction］という中に、キーフレームを作成したボーンが登録されます。

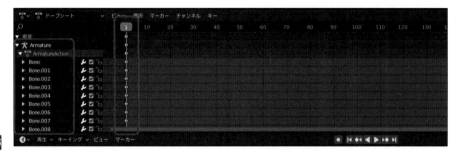

　少しゆっくり目に手を振るアクションにしたいので、24フレーム（24fpsの設定で1秒）に再生ヘッドを移動します。

　手を上げたポーズを作成します。腕だけを回転させず、胸や頭のボーンも回転させてポーズを作成します。

　ボーンをすべて選択します。

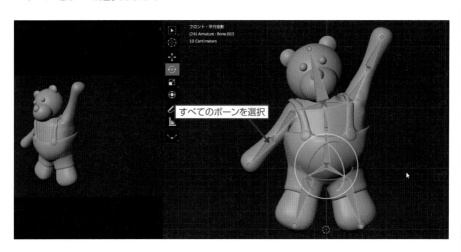

Iキーを押して、回転にキーフレームを作成します。

[ドープシート] にキーフレームが挿入されました。

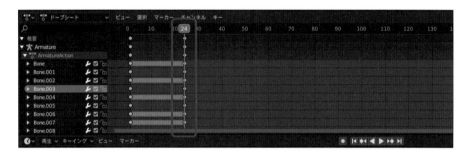

アニメーションを再生すると、手を上げるアクションができました。

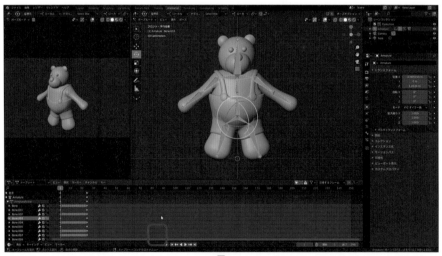

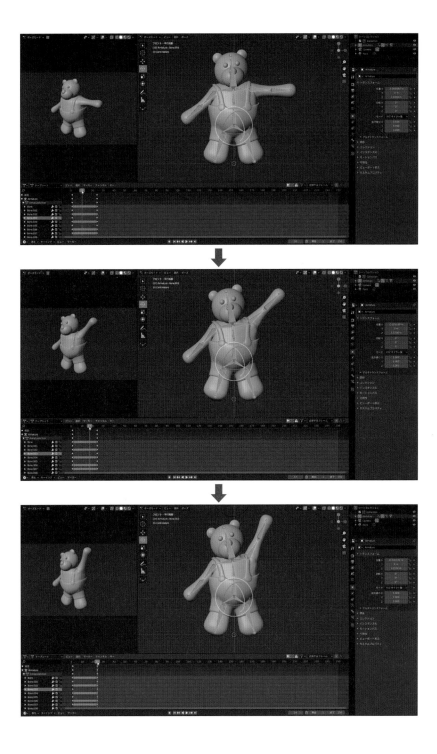

次に手だけを振るモーションを作成します。36 フレームに再生ヘッドを移動します。

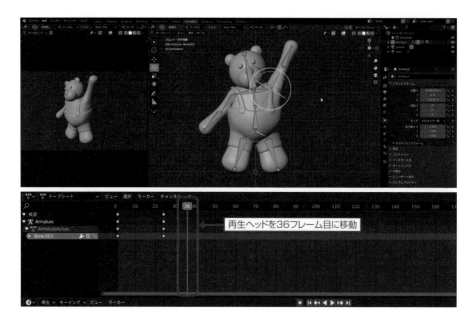

再生ヘッドを36フレーム目に移動

左手の上腕のボーンを選択して回転させます。

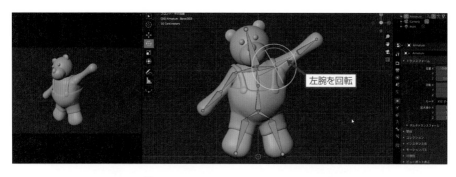

左腕を回転

ボーンをすべて選択して、I キーを押して回転にキーフレームを挿入します。

すべてのボーンを選択

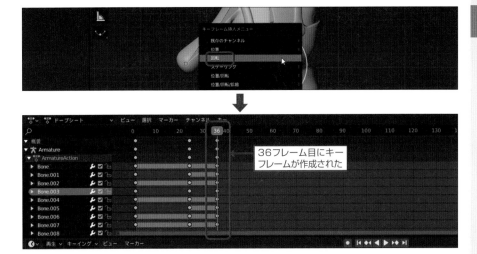

36フレーム目にキーフレームが作成された

STEP
04 ポーズを
コピーする

　繰り返しの動作を作成するような場合は、ポーズをコピーすることができます。

　まず、再生ヘッドをコピーしたいキーフレームのあるフレーム（ここでは24フレーム目）に移動します。

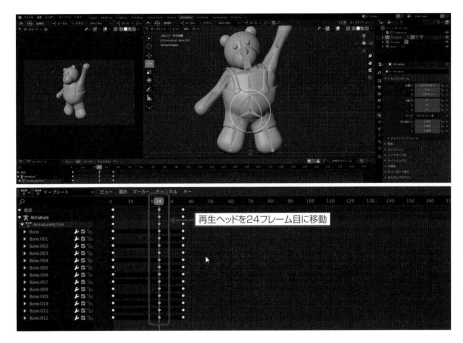

再生ヘッドを24フレーム目に移動

［ドープシート］で、24 フレームにあるボーンのキーフレームをボックス選択ですべて選択します。

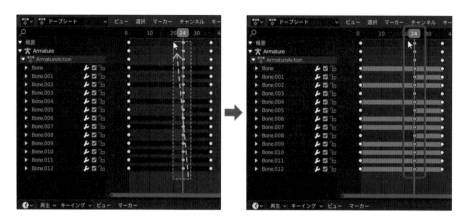

［ドープシート］の［キー］メニューから［キーフレームをコピー］を選択するか、Ctrl+C を押します。

再生ヘッドを 48 フレームに移動します。

[キー] メニューから [キーフレームを貼り付け] を選択するか、Ctrl+V キーを押します。

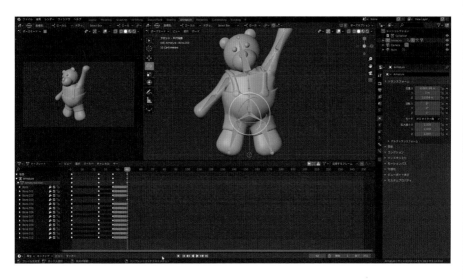

24 フレーム目のポーズが、48 フレーム目にキーフレームとともにコピーされました。

次は 36 フレーム目に再生ヘッドを移動します。

再生ヘッドを36フレーム目に移動

36フレーム目のボーンのキーフレームをすべて選択し、Ctrl＋Cキーを押してコピーします。

　60フレーム目に再生ヘッドを移動し、Ctrl＋Vキーでキーフレームを貼り付けます。

　このように反復するような動作は、必要なポーズ分だけコピー＆ペーストで作成することができます。最後に1フレーム目の初期ポーズのキーフレームをコピーして、84フレーム目に貼り付けました。

作成されたアニメーションを作成すると図のようになります。このようにキャラクターの
アニメーションは、ポーズからポーズへキーフレームを作成しながらモーションを作成して
いきます。ただし、あまりポーズのコピー＆ペーストを繰り返すと、機械的な動きになってし
まうので、コピー＆ペーストでベースのモーションを作成し、そこから細かく動きを調整して
いくとよいでしょう。

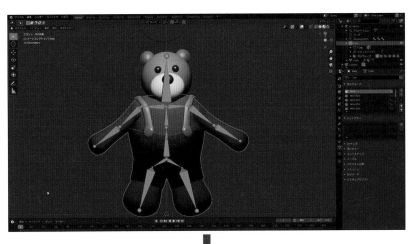

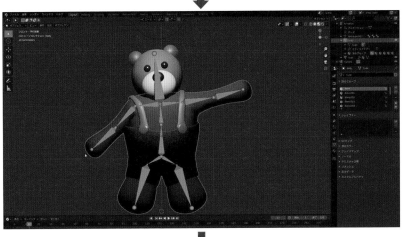

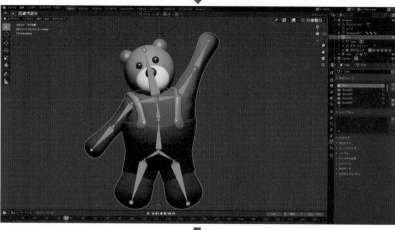

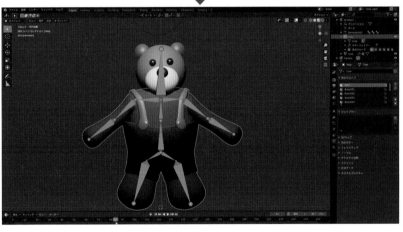

索引｜I N D E X

398

索引 | I N D E X

■著者プロフィール

大河原浩一（おおかわら　ひろかず）

デジタル・アーティスト。ライター＆インストラクター。映画やゲーム、アニメなどの3DCGアセット制作に従事した経験をもとに、多くの3DCGや映像系のツールのチュートリアル書籍やCG専門誌で記事を執筆。また、専門学校の講師なども務める。現在、東京アニメーションカレッジ専門学校非常勤講師、LinkedInラーニングでインストラクターを務めている。

作りながら楽しく覚える**Blender**　2.83＆2.9対応

2020年10月31日　初版第1刷発行

著者　　　大河原浩一
装丁　　　VAriantDesign
編集　　　ピーチプレス株式会社
DTP　　　ピーチプレス株式会社

発行者　　黒田庸夫
発行所　　株式会社ラトルズ
　　　　　〒115-0055　東京都北区赤羽西4丁目52番6号
　　　　　TEL　03-5901-0220（代表）　　　FAX　03-5901-0221
　　　　　http://www.rutles.net

印刷　　　株式会社ルナテック

ISBN978-4-89977-508-9
Copyright ©2020　Hirokazu Okawara
Printed in Japan